W0079025

Günther Bloch
Elli H. Radinger

Wölfisch
für Hundehalter

Von Alpha, Dominanz und anderen
populären Irrtümern

Wir widmen dieses Buch allen wilden Wölfen, die uns
einen tiefen Einblick in ihr Familienleben erlaubt haben.

KOSMOS

Inhalt

Vorwort (PD Dr. Udo Gansloßer)

Unser Verständnis des Sozialsystems von Wölfen und anderen Hundeartigen hat sich in den letzten Jahrzehnten grundlegend gewandelt. Dazu tragen einerseits eine ganze Reihe von Freilandbeobachtungen an unterschiedlichen Stellen der Erde bei, andererseits auch weitreichende theoretische und durch Verhaltensdaten gestützte Überlegungen von Grundlagenforschern. So ist die Vorstellung einer strengen, von oben (gleich Alpha) bis unten (gleich Omega) durchstrukturierten Rangordnung heute bei Wolfs- und anderen hundeartigen Rudeln nicht mehr vertretbar. Diese aus Gehegesituationen entstandene Vorstellung ist einer Mehr-Familien orientierten, altersgestuften Interpretation des Verhaltens in einem solchen Sozialverband gewichen.

Ebenso sind Vorstellungen über die Jagd, aber auch die gemeinsame Jungtieraufzucht als wichtigste oder sogar alleinige Triebfeder des sozialen Miteinanders bei Hundeartigen durch die Arbeiten beispielsweise von David Mac Donald überholt. Vielmehr sind gemeinsame Revierverteidigung und gemeinsame Nahrungsnutzung mit die wichtigsten ökologischen Einflussfaktoren. Auch die Grundlagenwissenschaft, nämlich die Verhaltensbiologie selbst, hat tiefgreifende Paradigmenwechsel erfahren. So ist die zu Zeiten von Konrad Lorenz häufig beschworene Argumentation eines Vorteils für die Art als Triebfeder des Verhaltens nicht mehr anzutreffen, und insbesondere im Zusammenhang mit Aggressionsverhalten ist auch das Triebstaumodell und die daraus resultierende Überlegung einer immer niedriger werdenden Reizschwelle

Jungwolf Yukon (rechts) führt seine Schwester Nisha und seine Ersatzmutter Hope durch das Innenrevier des Bowtals.

zur Auslösung aggressiven Verhaltens heutzutage nicht mehr in Mode.

Alle diese Vorstellungen jedoch geistern noch durch die Köpfe sehr vieler Menschen, wenn sie versuchen, das Verhalten des Hundes zu verstehen oder Hundehalter über ein „artgerechtes" Umgehen mit ihrem Hausgenossen aufzuklären. Vielfach findet man in den Handlungsanleitungen für den Umgang mit dem Haushund noch mehr oder weniger versteckt genau die oben genannten, heute nicht mehr aktuellen Vorstellungen der Verhaltensbiologie früherer Jahre. Nun ist es im Bereich der Wissenschaften sehr wohl ein Vorteil und keineswegs eine Schwäche, dass im Licht neuerer Erkenntnisse und neuer Daten auch ältere Überlegungen und theoretische Erklärungen geändert oder aufgegeben werden. Konrad Lorenz selbst hat dies in jüngeren Jahren durchaus auch so gesehen, als er sagte, es sei die beste Möglichkeit für einen Wissenschaftler, Frühsport zu begehen, wenn er jeden Tag nach dem Frühstück eine Lieblingshypothese aufgeben und über Bord werfen müsste.

Um solche Frühsportübungen auch dem Hundehalter zu ermöglichen, haben sich mit Günther Bloch und Elli Radinger zwei sehr erfahrene und des Schreibens sehr gut kundige Wolfskenner zusammengetan und das hier vorliegende Buch verfasst. Es ermöglicht den Menschen, die sich für die Wurzeln des Verhaltens ihres Hundes interessieren, den Vergleich althergebrachter Vorstellungen mit dem, was – zumindest auf der Basis der Erkenntnis von 2009 – heute über nordamerikanische Timberwölfe in freier Wildbahn wirklich akzeptiertes Grundlagenwissen ist.

Ein großer Unterschied zum Haushund ist, dass Wölfe ihre Gruppenmitglieder mit Nahrung versorgen.

Welche frühsportgymnastischen Übungen Sie selbst, liebe Hundehalter, aus diesen Darstellungen ziehen, bleibt Ihnen überlassen. Ich wünsche Ihnen jedoch dabei ein gutes Gelingen – Ihre Hunde werden es Ihnen sicher danken.

Privatdozent Dr. Udo Gansloßer,
Universität Greifswald

Zu diesem Buch

Als wir vor 20 Jahren begonnen haben, Wölfe in freier Wildbahn zu beobachten, ahnten wir nicht, wie sehr dies unser Leben verändern würde.

Unabhängig voneinander hatten wir beide eine Möglichkeit gesucht, Wölfe kennenzulernen. Wir waren uns beim Ethologie-Praktikum in Wolf Park, einer Forschungsstation im US-amerikanischen Bundesstaat Indiana, zum ersten Mal begegnet. Hier entstand auch die Idee, die „Gesellschaft zum Schutz der Wölfe e.V." zu gründen, in der wir beide zehn Jahre als Vorstand tätig waren. Bei der Beobachtung der Gehegewölfe von Wolf Park waren wir erstaunt, wie viele ernsthafte Auseinandersetzungen unter den Wölfen zu beobachten waren. Die einzige Konsequenz für die Wolf-Park-Betreiber war, immer wieder Tiere herauszunehmen und in Einzelgehegen unterzubringen, um sie zu schützen. Wir wunderten uns und beschlossen, zu schauen, ob sich die Tiere unter Freilandbedingungen anders verhalten.

Da eine Beobachtung von wilden Wölfen in Europa kaum möglich ist, arbeitet Günther seit 1991 unter der Leitung von Dr. Paul Paquet in den kanadischen Nationalparks Banff, Kootenay, Yoho und Spray Lakes Provincial Park, und Elli seit 1995 in Zusammenarbeit mit dem Team von Rick McIntyre im US-amerikanischen Yellowstone-Nationalpark.

Elli H. Radinger und Günther Bloch betreiben Grundlagenforschung an frei lebenden Wölfen – sie im Yellowstone-Nationalpark/USA, er im Banff-Nationalpark/Kanada.

Die Verhaltensbeobachtungen, die wir seit dieser Zeit an wilden Wölfen durchführen, das Sammeln von Lebensdaten, die Möglichkeit, alle Individuen einer Wolfsfamilie auseinanderzuhalten, haben uns bestätigt, dass sich frei lebende Wölfe in vielen Bereichen anders verhalten als Tiere, die in Gefangenschaft leben. Um nur drei Beispiele zu nennen:

1) Frei lebende Wölfe brauchen sehr viel Energie bei der Nahrungssuche und beim Umherwandern im Revier, gefangene Wölfe nicht.

2) Bei frei lebenden Wölfen gibt es eine Familienkultur des Jagens, die von den Alttieren an die Jungen weitergegeben wird. Da Gehegewölfe nicht jagen können, sondern von Menschen gefüttert werden, entfällt diese Familienkultur völlig.

3) Besonders während der Paarungszeit herrscht in Gehegesituationen (sofern die Tiere nicht kastriert sind) eine sehr viel aggressivere Stimmung, weil hier viele Generationen älterer Tiere zusammenleben, die sich nicht aus dem Weg gehen können.

Dies sind nur einige wenige Beispiele dafür, warum das Verhalten von Wölfen in Gefangenschaft eher „wolfsuntypisch" ist. Obwohl die meisten dieser Erkenntnisse inzwischen veröffentlicht und bekannt sind, gibt es innerhalb der Hundeszene nicht nur zum Thema „Alpha" und „Dominanz" immer noch viele populäre Irrtümer. So muss der Wolf für vieles herhalten, weil es argumentativ gerade in eine Modewelle oder das entsprechende Trainingsschema einer Hundeschulmethode passt: „Wölfe verhalten sich so!" Selbst Menschen, die grundsätzlich Wolf-Hund-Vergleiche ablehnen, übernehmen diese Argumente, wenn es für ihre Zwecke passt. Aus diesem Grund haben wir uns entschlossen, das Buch „Wölfisch für Hundehalter" zu schreiben.

Es gibt natürlich noch sehr viel mehr Klischees als die hier aufgeführten. Sie alle zu nennen, würde allerdings den Rahmen dieses Buches sprengen. Darum haben wir diejenigen Klischees aufgeführt, die bei Seminaren und in Leserbriefen am meisten an uns herangetragen werden.

Gemeinsamkeiten von Wolf und Hund

Warum raten wir Ihnen als Hundebesitzer überhaupt, „Wölfisch" zu verstehen, wenn Sie einen *Hund* haben und keinen Wolf? Wolf und Hund sind zwar grundsätzlich verschieden, haben aber eine Menge Gemeinsamkeiten, vor allem auch durch die Abstammung, die für die ganze Kanidenfamilie typisch ist. Wir geben Ihnen mit diesem Buch die Möglichkeit, sich intensiver über typische Eigenschaften und Verhaltensweisen von frei lebenden Wölfen zu informieren und diese Erkenntnisse in den Hundealltag einfließen zu lassen. Vielleicht sind Sie durch die zahlreichen Meinungen, Ansichten und Ratschläge auch schon völlig verunsichert, wie viele Hundehalter, die uns in Seminaren und nach Vorträgen immer wieder zu diesem Thema ansprechen. Wir schreiben dieses Buch gemeinsam, weil wir beide das große Glück haben, jahrzehntelang Wolfsverhalten unter natürlichen Bedingungen in unterschiedlichen Lebensräumen beobachten zu dürfen. Außerdem fließen in das Buch zusätzlich noch weitere Erkenntnisse aus Freilandstudien mit uns befreundeter Wissenschaftler ein.

Vom Sozialverhalten der Wölfe lernen heißt, familiäre Belange ernst nehmen!

Deshalb können wir Ihnen jetzt einen Leitfaden an die Hand geben, der über das Verhalten von wilden Wölfen aufklärt und aufzeigt, was dies für die Mensch-Hund-Beziehung bedeutet. Anhand dieser Lektüre kann jeder selbst überprüfen, was gemeinhin erzählt wird und sich ein neutrales Bild machen. Wir haben für den alltäglichen Gebrauch dieses Buches absichtlich eine nicht-wissenschaftliche Tonart gewählt. Außerdem verzichten wir auch bewusst auf Literaturhinweise im Buchtext. Stattdessen finden Sie im Anhang eine Liste unserer eigenen Fachbücher sowie die wichtigsten Bücher einiger Kollegen, die wir Ihnen zum Weiterlesen ans Herz legen möchten. Wir benutzen im Folgenden die Begriffe „Alpha" oder „Rudel" nur, wenn wir einen populären Irrtum demonstrieren wollen. Ansonsten verwenden wir die heute üblichen Begriffe „Leitwolf/Leitwölfin" und „Familie/Gruppe". Die nicht geschlechtsreifen Tiere nennen wir liebevoll Schnösel.

Aufbau des Buches

Zur besseren Verständigung möchten wir Ihnen kurz erläutern, wie wir beim Aufbau vorgegangen sind.

Wir haben das Buch nach den Grundeigenschaften der Wölfe aufgeteilt: Sie sind sozial, territorial und sie sind Jäger.

Danach gliedern sich die einzelnen Kapitel wie folgt:

„Behauptet wird ..." – Hier finden Sie als Erstes Behauptungen und gängige populäre Irrtümer rund um den Wolf, mit denen ein Hundehalter heutzutage häufig konfrontiert wird.

„Fakt ist ..." – stellt im Anschluss wissenschaftlich fundierte Untersuchungsergebnisse aus vielen Freilandforschungen vor. Mit der „Bedeutung für den Hundehalter" hoffen wir, Ihnen Tipps für den Umgang mit Ihrem Vierbeiner geben zu können.

In „Beispiele von frei lebenden Wölfen" stellen wir Ihnen jeweils ein Fallbeispiel aus unseren Studien im kanadischen Banff- und im US-amerikanischen Yellowstone-Nationalpark vor. Diese Beispiele sind exemplarisch.

Alle hier gemachten Aussagen berufen sich auf die Norm und stehen im Einklang mit den Forschungsergebnissen von Wissenschaftlern wie Paul Paquet, Mike Gibeau, Doug Smith, L. David Mech und anderen Freilandökologen. Aber natürlich gibt es immer wieder Ausnahmen von der Regel. Unser Freund Dr. Paul Paquet pflegt hierzu zu sagen: „Auch Leittiere können Idioten sein." Denken sie bitte daran, lieber Leser, dass uns die Wölfe immer wieder von Neuem überraschen. Wir lernen nie aus.

Dies ist *kein* Hundeerziehungsbuch, es soll Ihnen als Hundehalter aber helfen, anhand von Wolfsverhalten Rückschlüsse für die Beziehung zu Ihrem Tier ziehen zu können. Wir sehen besonders Wolfseltern als kompetente Lehrmeister an, die wissen, wie man heranwachsende Gruppenmitglieder ohne großen Aufwand integriert – und das ohne ständig Kommandos zu geben.

Wir Autoren sind davon überzeugt, dass die Erziehung und das Zusammenleben mit unseren eigenen Hunden deshalb so gut gelingen, weil wir wilde Wölfe beobachten, deren Verhalten in unserer Beziehung zum Hund kopieren und in den Alltag mit einbauen. Und so sehen wir uns als eine Art „Dolmetscher" für Sie und Ihr Tier.

Wir wünschen Ihnen viel Freude mit dem vorliegenden Buch!

Günther Bloch und Elli H. Radinger

Kompetenzen und Handlungsspielräume klären, gegenseitig Bedürfnisse signalisieren, zusammenarbeiten und soziale Nähe demonstrieren – das macht eine gute Mensch-Hund-Beziehung aus.

DIE MENSCH-HUND-BEZIEHUNG

Zwei Arten leben eng zusammen

Eine problembelastete Beziehung

Warum haben eigentlich so viele Menschen Probleme mit ihrem Hund? Warum streiten wir uns über alle möglichen Verhaltensfragen?

Viele Wissenschaftler argumentieren, dass wir Menschen uns nicht in die typischen Grundsätzlichkeiten von Kanidengesellschaften hineindenken können, weil wir gemeinsame Vorfahren aus der Affenwelt haben, wo oft hierarchische Zweckgesellschaften vorherrschen. Diese Hierarchie bringt vorwiegend Vorteile für den, der oben an der Spitze ist, weil Nahrung zum Beispiel sehr gut individuell gesucht und verteidigt werden kann. Männliche Tiere haben hier das Sagen.

Ein solches Verhalten entspricht nicht dem von Kanidengruppen, deren Zweckgemeinschaften eben gerade nicht streng hierarchisch funktionieren. Kein Wunder also, dass wir ein anderes Verständnis von Sozialverhalten haben als unsere Haushunde. Damit wir als Hundehalter überhaupt verstehen, mit *wem* wir zusammenleben, ist es unsere Pflicht, Wölfe und andere Kaniden samt ihrer Gruppenstrukturen ernst zu nehmen und uns an deren Regeln zu orientieren.

Sie fragen sich vielleicht zu Recht, warum *Sie* sich an den Regeln *Ihres Hundes* orientieren sollen, statt *er* sich an den *Ihren*. Fakt ist, Sie leben mit einer anderen Spezies gemeinsam in einem Haushalt. Natürlich brauchen Sie überhaupt keine Rücksicht auf das kanidentypische Verhalten Ihres Tieres zu neh-

Günther Bloch und Timber gestalten sowohl ihre aktiven als auch ihre inaktiven Phasen gemeinsam. Hier machen sie ein gemeinsames Nickerchen auf der Couch, ohne dass das irgendeine Bedeutung für die viel gerühmte „Alphaposition" hat.

men und können Ihr Leben ausschließlich nach Primatenregeln führen. Die Ihnen anvertraute Hundeseele würde sich nicht wehren können und die Welt nicht mehr verstehen. Wenn Sie aber ein harmonisches Zusammenleben erreichen wollen, sollten Sie sich über das Wesen informieren, mit dem Sie einen Haushalt teilen.

Und schließlich sei noch mit einem kleinen Augenzwinkern erwähnt, dass es für uns Menschen gar nicht mal so schlecht ist, von Wölfen zu lernen. Im Laufe des Buches werden Sie erkennen, dass Wölfe manchmal die „besseren Menschen" sind.

Behauptet wird …

… Die Beziehung Mensch-Hund ist einmalig, weil sich hier zwei unterschiedliche Arten sozialisieren, zu Kooperationspartnern werden und sich auf der Gefühlsebene austauschen. In der Tierwelt gibt es weder zwischenartliche Beziehungen noch ein Zusammenleben zweier Arten auf Lebenszeit.

Fakt ist …

… Auch wenn wir es gerne glauben möchten, dass die Beziehung zwischen Mensch und Hund so einmalig sein soll, entspricht dies nicht den Tatsachen. Viele Tierarten, auch Wölfe, bilden durchaus gut funktionierende Zweckgemeinschaften (Symbiosen) in freier Wildbahn. Als Beispiele seien hier nur die zeitlimitierten Jagdgemeinschaften zwischen Kojote und Dachs, Bär und Fuchs oder die Zusammenarbeit zwischen Honigdachs und Honigvogel genannt. Sie alle sind *symbiotische* Verhältnisse.

Ganz anders ist die Beziehung zwischen Wolf und Rabe, die in einer sozialen Mischgruppe zeitlebens eng zusammenleben. Im Laufe ihrer intensiven Freilandbeobachtungen stellten Günther Bloch und seine Kollegen fest, dass stets dieselben Rabenfamilien in der Nähe derselben Wolfsfamilien nisteten, gemeinsam mit ihnen auf die Jagd gingen und nach Hause zurückkehrten (siehe Literaturhinweis „Wolf und Rabe"). Zwei Arten, die aufeinander geprägt worden sind, bildeten also eine gemeinsame soziale Mischgruppe.

Von dem Moment an, wo ein Welpe aus der Höhle klettert, gibt es keinen Tag, an dem er nicht mit Raben zu tun hat. Neben dem Rest seiner vierbeinigen Familie, deren Geruch er sich einprägt, lernt er auch die gefiederten „Familienmitglieder" und deren Geruch kennen. Er speichert den strengen Geruch der Rabenfedern in seinem Gehirn ab – für sein ganzes Leben. Das eben ist eine *Sozialisation* und keine einfache Symbiose. Grundsätzlich ist so eine Wolfshöhle äußerst interessant für Raben. Da ihr Verhalten stark futtermotiviert ist, warten sie darauf, dass etwas für sie abfällt, wenn die erwachsenen Wölfe Fleisch für ihre Kleinen hervorwürgen oder Futterbrocken mit zur Höhle bringen. So lernen schon die jungen Rabenvögel, wie weit sie sich Wölfen nähern können und wie sich diese verhalten. Neben ihren Geschwistern sind die schwarzen gefiederten Gesellen die ersten Spielkameraden der kleinen Wölfe. Sie spielen Fangen oder jagen sich gegenseitig Knochen und Fellreste ab. Sie toben gemeinsam umher und interagieren im Spiel (Im-Kreis-Laufen, gegenseitiges Austricksen und Ähnliches), was eine gefühlsbetonte Ebene

Selbst solche ungleichen Arten wie Hunde und Vögel lernen miteinander zu kommunizieren, wenn sie von klein auf zusammen aufwachsen.

deutlich zum Ausdruck bringt. Unterdessen scheinen die Wolfseltern froh zu sein, vom Unterhaltungsprogramm für ihre Zöglinge kurzfristig entbunden zu werden.

Zu den Lieblingsbeschäftigungen der Raben gehört es, die Wölfe (auch die erwachsenen Tiere) zu necken, am Schwanz zu ziehen oder ihnen provozierend – und genau kalkuliert – dicht vor der Schnauze herumzuhüpfen. So finden sowohl zwischen erwachsenen Wölfen und Raben als auch zwischen Wolfswelpen und Raben eine ständige Interaktion und Kommunikation statt.

Der Rabenexperte Professor Bernd Heinrich beschreibt zum Beispiel den Futterruf der Raben als ein vitales „Jaa-huaaa!". Die Warnrufe der großen Vögel alarmieren die Wölfe vor herannahenden Feinden wie Bären oder Pumas, und ohne die Unterstützung der Wölfe können die schwarzen Gesellen

keinen Kadaver öffnen. Wölfe helfen den Raben, ihre Angst vor Neuem (Neophobie) zu überwinden. Die schwarzen Vögel sind nämlich, entgegen ihrem forschen Auftreten, auch sehr ängstlich. So konnten wir beobachten, dass sie sich einer Beute, die nicht von Wölfen getötet wurde, nur sehr selten und dann äußerst vorsichtig nähern, wohingegen sie sich bei einem Beuteriss vom Wolf ohne zu zögern auf den Kadaver stürzen.

Beide Spezies haben also ihr ganzes Leben lang einen Nutzen von ihrer Beziehung. Sie gehen nicht nur eine Symbiose auf bestimmte Zeit ein, sondern leben – wie Mensch und Hund – ein Leben lang in einer sozialen Mischgruppe zusammen. Dies weist auf eine gemeinsame, evolutionäre Geschichte hin. Bernd Heinrich spricht sogar aufgrund eines Millionen Jahre langen Beziehungsaufbaus zwischen beiden Arten von Wolfsgenen in Raben beziehungsweise Rabengenen in Wölfen.

Fazit: Neben der Beziehung Mensch-Hund gibt es in der Tierwelt noch andere Beziehungen zweier Arten, die durch langfristige Sozialisation (im Gegensatz zur kurzfristigen Symbiose) entstanden sind, wie das Beispiel Wolf-Rabe zeigt.

Bedeutung für den Hundehalter

Wie bereits erwähnt, wird oft argumentiert, dass die Beziehung Mensch-Hund so einmalig ist, weil nur sie durch besondere gegenseitige Emotionen gekennzeichnet sei und außerdem der Hund stets die Gesellschaft von Menschen der anderer Hunde vorziehe. Dass Letzteres nicht so ist, können wir anhand von drei Beispielen belegen:

1) Wie die Verhaltensstudien von Günther Bloch an verwilderten Haushunden in Italien eindeutig belegten, zogen die nicht auf Menschen sozialisierten und im Wald lebenden Hunde die Nähe zu ihresgleichen eindeutig den Tierschützern vor, obwohl diese sie jeden Tag fütterten.

2) Gut auf Schafe und Ziegen sozialisierte Herdenschutzhunde sind dafür bekannt, dass sie die Nähe ihrer Schutzbefohlenen eindeutig Menschen vorziehen.

3) Selbst ganz normale Haushunde die mit mehreren Hunden zusammenleben, zeigen nicht pauschal, aber doch recht häufig größeres Interesse an ihren Artgenossen als an ihren Menschen.

Offensichtlich geht es also weder bei Wolf und Rabe noch bei den Hunden um Futter.

Fazit: Die frühe Prägung und Sozialisation auf eine andere Spezies hat der Hund vom Wolf „geerbt". Aber er hat nicht nur die soziale Fähigkeit entwickelt, mit dem Menschen zu leben, sondern auch mit anderen Arten, die zum Haushalt gehören und mit denen er gemeinsam eine soziale Gruppe bildet. Wobei dies jedoch nur speziell für diese Gruppe im Haus gilt. Jeder Hundehalter, dessen Tier mit Vögeln, Katzen oder Kaninchen groß geworden ist, weiß, dass der Hund diese Tiere zu Hause als eigene Gruppe akzeptiert und ihnen nichts tut. Das bedeutet jedoch nicht, dass Bello von nun an draußen in Feld und Flur nicht mehr nach Vögeln, Katzen oder Kaninchen jagt. Darum Vorsicht! Verwechseln Sie nicht die Sozialisation auf Mitglieder innerhalb der eigenen Gruppe mit dem Verhalten Fremdtieren aus anderen Gruppen gegenüber.

Beispiele von frei lebenden Wölfen

Banff: Jedem Wolfsklan seine eigene Rabenfamilie

Im Sommer 2007 zog, etwa 100 Meter von der traditionellen Höhle der Bowtal-Wolfsfamilie entfernt, ein Rabenpaar drei Jungtiere auf. Die Rabenfamilie war uns vertraut. Die Elterntiere nisteten schon seit Jahren hier. Darum nennen wir sie mittlerweile längst die „Bowtal-Raben". Man kennt sich persönlich; gemeinsame Familienkultur ist Trumpf. Auch Leitweibchen Delinda war diesen Vögeln gegenüber wieder sehr tolerant. Ganz so wie ihr Lebensgefährte Nanuk und deren erwachsener Nachwuchs und genau so wie die vielen Bowtal-Wölfe vor ihnen.

Auch Fluffy, Delindas Tochter, zeigte im Sommer 2009 das gleiche soziale Interesse an den Raben. Offensichtlich fand hier erneut das übliche Ritual statt: Eine umfangreiche Sozialisation, die von Generation zu Generation weitergegeben wird. Die Mütter leben quasi ihren Töchtern „Raben-Toleranz" vor. Und die Raben scheinen sich auf ihre Weise „erkenntlich" zu zeigen.

Fluffy hatte in diesem Jahr fünf Welpen, die sich munter spielend vor dem Höhleneingang die Zeit vertrieben, während Mama ihren Entspannungsschlaf hielt. Wolfswelpen müssen die Welt entdecken, eigene Erfahrungen sammeln und in den verschiedenen Situationen lernen, sowohl Erfolge als auch Misserfolge zu verarbeiten. Plötzlich näherte sich zunächst unbemerkt ein Schwarzbär – so dachte der jedenfalls. Er hatte allerdings die Rechnung ohne die Raben gemacht. Ein grober Fehler, denn die aufmerksamen Vögel stießen sofort ihren „Da-kommt-ein-Bär"-Warnruf aus. Der riss Fluffy aus dem Schlaf. Sie schaute sich um. Als sie Meister Petz auf die Kleinen zukommen sah, schickte sie als Erstes ihre Welpen mit einem Alarmwuffen in Richtung Höhle. Die Kinderschar wusste zwar nicht, worum es ging, verschwand jedoch sofort im schützenden Bau. Einer der Kleinen blickte noch einmal kess aus dem Eingang. Er sah zu seiner Mutter Fluffy herüber, die unter lautem Getöse und wahrlich „stinksauer" den Bären davonscheuchte. Dieser hatte vor lauter Panik „Knoten in den Ohren" und rannte eine Böschung herunter. Dann war der leicht überforderte Bär außer Sicht. Fluffy blieb am Waldrand stehen und schien ihm noch ein Wort mit auf den Weg geben zu wollen. Ganz nach der Devise:

„Wenn du dich meinen Kindern näherst, bekommt du Probleme. Rechne mit ernsten Konsequenzen, wenn du nochmals zurückkehren solltest." Nach zehn Minuten schlüpften nach und nach alle fünf Welpen wieder aus dem Bau. Sie liefen mit angelegten Ohren zu ihrer Mutter und schienen sich für die beherzte Gefahrenabwehr regelrecht bedanken zu wollen. Fluffy nahm's gelassen und legte sich wieder hin. Pflichterfüllung nach Wolfsart.

Nach solchen Erlebnissen steht für uns fest: Erwachsene Wölfe können die verschiedenen Warnrufe und Kommunikationslaute der Raben sehr genau unterscheiden. Und sie haben sich daran gewöhnt, die verschiedenen Rufe ihrer schwarzen Kumpel ganz bestimmten Lebenssituationen präzise zuzuordnen. Auf den Punkt gebracht: Fluffy hatte diese Fähigkeit durch sehr genaue Beobachtung von ihrer Mutter Delinda gelernt. Nun brachte sie an diesem Tag ihrerseits ihrem Nachwuchs bei, was der Alarmruf der Raben bedeutete. Bemerkenswert!

Yellowstone: Ein gedeckter Tisch

„Wenn du Wölfe suchst, musst du in den Himmel schauen!"

Dies ist eine der ersten Lektionen, die wir als Wolfsbeobachter lernen: Wir halten Ausschau nach Raben. Die „Augen der Wölfe", wie sie die Indianer nennen, sind immer in der Nähe der großen Kaniden.

Ähnliches gilt aber auch für die Bären von Yellowstone. Zwar haben sie keine gemeinsame evolutionäre Entwicklung mit den Wölfen, so wie die Raben, aber sie sind seit der Wiederansiedlung der Wölfe die größten Nutznießer von deren Rückkehr. Nie zuvor war ihr Tisch so reich gedeckt.

Schnell haben sie gelernt, dass sie nur den Spuren der Wölfe folgen müssen, um Futter zu finden. Besonders im Frühjahr, wenn die pelzigen Gesellen hungrig aus langer Winterruhe kommen und es noch keine leicht zu erlegenden Beutetierbabys gibt, lassen die Bären – besonders die Grizzlys – die Wölfe für sich „arbeiten". Haben die Kaniden einen Hirsch getötet, dauert es nicht lange, bis ein Grizzly kommt und den Kadaver „übernimmt". Dann haben die Wölfe keine Wahl. Sie müssen sich zurückziehen und Meister Petz ihre Mahlzeit überlassen. Einige Bären folgen inzwischen schon den Wölfen, wenn diese auf die Jagd gehen. Manchmal fressen auch beide Spezies gemeinsam am Kadaver. Ich konnte einmal zwölf Wölfe und vier Grizzlys gemeinsam an einem Bisonkadaver fressen sehen, wobei jedoch immer der größte Bär das Futter „kontrollierte". War er mit Fressen beschäftigt oder zu satt, um etwas zu unternehmen, konnten die Wölfe auch ihren Teil der Beute abstauben. Die übliche Vorgehensweise jedoch ist die, dass der Bär dankend den Kadaver übernimmt, die Mahlzeit verspeist und sich dann auf ihr schlafen legt, während das gemeine Volk (sprich: die Wölfe) hungrig um den Mittagstisch herumliegt und wartet, bis Meister Petz endlich verschwindet. Hier zeigt sich übrigens eine andere Tugend der Wölfe: Geduld.

In manchen Gebieten von Yellowstone hängt das Überleben der Bären direkt von den Wölfen ab. In den Hochtälern des Pelican Valley dauert der Winter sehr lange und Beutetiere sind rar. Die großen Hirschherden ziehen im Herbst in die Täler. Lediglich einzelne Bisonherden bleiben zurück. Eine Wolfsfamilie, Mollies Gruppe, hat sich in

dieser unwirtlichen Gegend auf die Jagd der mächtigen Grasfresser spezialisiert. Die Grizzlys, die im Pelican Valley leben, haben sich schon so sehr auf die Mollies als Futterlieferanten eingestellt, dass sie von März bis Oktober *jede* Beute, die das Wolfsrudel macht, innerhalb kürzester Zeit übernehmen. Das jedoch hat wiederum zur Folge, dass immer weniger Fleisch für die Wölfe übrig bleibt und die Wolfsfamilie sich langsam auflöst.

Von der Anwesenheit der Wölfe profitieren neben den Raben viele Tiere, ganz besonders aber die Bären. In Yellowstone gibt es inzwischen immer mehr Bären, die wegen der ausreichenden Nahrungsmenge, die in der schneereichen Jahreszeit zur Verfügung steht, keine oder nur eine verkürzte Winterruhe halten. Und auch die Weißkopfadler nutzen die neuen Nahrungsquellen und fliegen nicht mehr nach Süden, sondern überwintern im Park.

Namen oder Nummern?

In unseren Beispielen aus dem Alltag frei lebender Wölfe werden Sie feststellen, dass die Wölfe unterschiedlich benannt werden. In Banff haben Karin und Günther Bloch jedem einzelnen Wolf einen Namen gegeben, wohingegen man alle Yellowstone-Wölfe die ein Radiohalsband erhalten, zwecks Identifikation mit Nummern versieht. Diese Nummern werden in der Reihenfolge vergeben, in der die Wölfe eingefangen und besendert werden. Der Nummer hinzugefügt wird ein „M" für „male" (= männlich) und „F" für „female" (= weiblich).
Den Gruppennamen erhalten die Wölfe anlehnend an das Gebiet, in dem sie leben.

WOLF, MENSCH UND HUND SIND SOZIAL

Mythos „Alpha"

In einer Hundegruppe etablieren sich soziale Rangordnungsstrukturen. Auch wenn einzelne Individuen eines „Hunderudels" kastriert sind, können sich durchaus klare Dominanzbeziehungen herausbilden.

Behauptet wird …

… Der Alpharüde dominiert alle anderen im Rudel und verpaart sich nur mit der Alphawölfin.

Fakt ist …

…Wir wissen aus etlichen Jahren Freilandbeobachtungen, dass die „Alphanummer" von Leitrüden schon allein deswegen nicht stimmt, weil häufig Weibchen die Entscheidungsträgerinnen in den Familien sind. Bei den Leittieren beruht die Paarbindung auf gegenseitigem Respekt. Je nach Größe des Territoriums und der Dichte der Population kann es sein, dass sich nur die Leittiere

verpaaren. Mehrfachverpaarungen sind jedoch nicht unüblich. Besonders in Yellowstone kommen sie immer wieder vor. Dort paart sich etwa ein Viertel aller Wölfe auch mit anderen Partnern. Und in der Folge bekommen auch mehrere Weibchen in einer Familie Welpen. Es wurde schon beobachtet, dass fünf Mütter gemeinsam ihren Nachwuchs aufziehen.

Bedeutung für den Hundehalter

In der Mensch-Hund-Beziehung existiert keine soziale Rangordnung, schon allein deshalb, weil der Mensch sich nicht mit dem Hund verpaaren kann. Da wir aber die

„Ersatzeltern" für unsere Hunde sind, müssen wir eine Vorbildfunktion haben und soziale Kompetenz ausstrahlen. Dies tun wir nicht, indem wir sie ständig maßregeln oder womöglich noch auf sie einprügeln, sondern, indem wir unseren Tieren Lebenserfahrung und Wissen vermitteln.

Als Hundehalter haben Sie also die Pflicht, das soziale Miteinander in den Vordergrund Ihres Zusammenlebens zu stellen und eine vertrauensvolle Beziehung aufzubauen. Wie das konkret auszusehen hat, erläutern wir im weiteren Verlauf des Buches.

Behauptet wird ...

... Jeder Wolf im Rudel will Alpha werden.

Fakt ist ...

...Das Verhalten der Leittiere anderen Familienmitgliedern gegenüber, ist sehr viel friedfertiger, als man es gemeinhin denkt. Die Familienoberhäupter sind stark am sozialen Geschehen und an der Harmonie in der Gruppe interessiert. Die Position der Leitwölfe beinhaltet mehr Pflichten als Rechte. Darum ist dieser Job für manche Tiere auch nicht unbedingt so begehrenswert, wie es scheinen mag.

Bedeutung für den Hundehalter

Trotz aller Harmonie gibt es auch in der Beziehung Mensch-Hund Konfliktsituationen, die geklärt werden müssen. Es ist heutzutage modern, Konflikten aus dem Weg zu gehen oder sie zeitlich zu verschieben, und viele Menschen haben Angst vor Konflikten. Aber dadurch, dass wir den Kopf in den Sand stecken, kommen wir nicht weiter. Das hat nichts mit Alphastatus zu tun. Als Entscheidungsträger liegt es an Ihnen, klare Regeln aufzustellen und diese durchzuführen. Beispiel: Ihr Hund bekommt einen festen Platz im Haus zugewiesen, auf den Sie ihn immer dann schicken können, wenn dies erforderlich ist.

Behauptet wird ...

... Die Alphas kontrollieren alle Aktionen von rangniederen Tieren. So auch die berühmt-berüchtigten „durchgeknallten fünf Minuten" bei den Jungwölfen.

Fakt ist ...

Eine permanente und ständige Kontrolle der Aktionen von rangniederen Tieren ist nicht nötig. Die Leitwölfe haben wahrlich Besseres zu tun, als die anderen Familienmitglieder immer zu beobachten und zu kontrollieren. So schauen sie sich beispielsweise auch das Im-Kreis-Laufen und das Zickzack-Laufen des Nachwuchses in aller Ruhe an, ohne etwas zu tun. Dieses Verhalten dient nämlich jedem Tier dazu, individuell ein optimales Verhältnis zwischen Langeweile und Erregungszustand zu finden, und hilft ihm, wieder „runterzufahren". Jedes Tier, ob jung oder alt, versucht seine innere Balance zu finden. Die „verrückten fünf Minuten" haben weder etwas mit Alphagehabe, noch mit Dominanzabsicht zu tun. Oft enden sie im gemeinsamen Rennspiel mit anderen Familienmitgliedern.

Jedem Hund stehen seine „verrückten fünf Minuten" zu und das möglichst ohne irgendwelche Kommentare des Menschen. Auch mit kurzen Beinen lässt es sich gut rennen und Spaß haben, dafür sind die Ohren umso länger.

Bedeutung für den Hundehalter ...

Wenn Ihr Hund seine „durchgeknallten fünf Minuten" hat und im Kreis rennt, besteht für Sie als Hundebesitzer kein Handlungsbedarf. Sie müssen weder etwas kontrollieren noch abstellen. Genießen Sie einfach den Anblick des „verrückten Viehs". Sobald Ihr Hund sein inneres Gleichgewicht gefunden hat, was je nach Temperament zeitlich unterschiedlich dauert, wird er sich wieder ruhiger verhalten.

Behauptet wird ...

... Der Alpha ist immer ein älteres Tier, hat immer Erfahrung und weiß stets, wo es langgeht. Er ist immer der größte und schwerste Wolf in einem Rudel.

Fakt ist ...

... Die Frage, was eine Führungspersönlichkeit ausmacht, stellen sich tagtäglich unzählige Headhunter, die Manager für große Firmen einstellen müssen. Ganz sicher ist es nicht die Größe, das Gewicht oder das Aussehen eines Menschen. Das Gleiche gilt auch für wölfische Führungskräfte. Diese Position ist unabhängig von Größe und Gewicht. Fakt ist, dass auch kleinere und nicht so schwere Tiere Führungspositionen übernehmen können. Es ist zuallererst deren mentale Stärke, die sie zu einer anerkannten Persönlichkeit werden lässt. Ein Leittier muss auch nicht unbedingt ein erwachsener Wolf sein. Es gibt immer wieder Schicksalsschläge in Wolfsfamilien. Besonders hart trifft es die Gruppe, wenn sie ihr Familienoberhaupt verliert. Dann kann es passieren, dass junge Wölfe aufgrund besonderer Begebenheiten in die Leitposition schlüpfen müssen. Uns sind mindestens zwei Fälle aus Yellowstone bekannt, in denen 17 und 20 Monate alte Jungwölfe zu Leittieren wurden. Beiden fehlte jedoch die Erfahrung, ihre Familie über einen längeren Zeitraum zu führen. Grundsätzlich gilt, dass eine Führungspersönlichkeit bzw. Idolfigur sowohl über eine gewisse soziale als auch über Lebensraumintelligenz verfügen muss, um von den übrigen Gruppenmitgliedern ernst genommen zu werden.

Bedeutung für den Hundehalter ...

Nicht nur Erwachsene, sondern auch Jugendliche können von Hunden durchaus als soziale „Leittiere" mit Vorbildcharakter Anerkennung finden. Voraussetzung ist allerdings, dass sie eine gewisse Reife an den Tag legen und wissen, was sie wollen. Das ist bei manchen, die sich selbst noch deutlich im Selbstfindungsprozess befinden, natürlich nicht immer gegeben. Es gibt Kinder, die im Alter von zwölf Jahren schon die Reife eines Erwachsenen haben und andere, die auch mit 17 noch auf dem Entwicklungsstand eines viel jüngeren Kindes stehen. Eltern kennen ihre „Sprösslinge" am besten und müssen deshalb individuell entscheiden, ob sie als letzte Instanz tätig werden oder nicht.

Ein heikles Thema ist immer wieder die Frage, ob schon Kinder Hunde – und insbesondere große Hunde – Gassi führen dürfen. Ab wann ein Kind in der Lage ist, einen Hund zu führen, wurde mehrfach richterlich entschieden und richtet sich individuell nach verschiedenen Faktoren, unter anderem nach der Größe und Rasse des Hundes und dem Alter des Kindes. Die Grundregel lautet, dass das Kind „mindestens 14 bis 16 Jahre alt und körperlich in der Lage sein muss, den Hund zu halten und zu führen".

Treten kleine und leichte erwachsene Hundehalter im Umgang mit ihrem Tier konsequent und berechenbar auf, können sie genauso problemlos soziale Kompetenz ausstrahlen wie große und kräftige Menschen. Die Persönlichkeit macht den Unterschied aus und die entsteht in erster Linie durch die Vermittlung eines authentischen Menschenbildes, indem wir uns so verhalten wie wir wirklich sind, als Vorbild für den Hund fungieren und dadurch einschätzbar bleiben.

Behauptet wird ...

... Alte oder verletzte Alphas werden aus dem Rudel ausgestoßen, wenn sie ihr Paarungsverhalten nicht mehr durchsetzen können.

Fakt ist ...

... Ein altes Leittier wird nicht generell aus der Gruppe gestoßen, nur weil es krank, alt oder nicht mehr paarungsfähig ist. Ehemalige rangniedere und nicht verwandte Heißsporne übernehmen in diesem Fall zwar oft die Paarung, dulden und respektieren jedoch nicht selten die Alten, die viel Lebensweisheit in das Gruppenleben einbringen.

Bedeutung für den Hundehalter ...

Wir wissen selbstverständlich, dass uns unsere Hunde nicht angreifen, nur weil wir krank sind oder sonstige Zeichen von Schwäche zeigen. Im Gegenteil, meist ist es sogar so, dass unsere vierbeinigen Begleiter sehr schnell merken, wenn etwas mit uns nicht stimmt und dann besonders eng in unserer Nähe bleiben und uns beschützen.

Hunde möchten ihre Menschen also mitnichten aus dem Rudel stoßen, um die Alphaposition einzunehmen.

Ein Dobermann springt begeistert seine menschliche Sozialpartnerin an und beleckt danach ihr Gesicht. Anspringen kann auch eine dumme Unart sein und muss selbstverständlich von uns erzieherisch beeinflusst werden, beispielsweise durch das Signal „Sitz".

Behauptet wird …

… Nur die ranghohen Wölfe springen die rangniederen an, weil sie so aufgrund ihres hohen Status die anderen in der Bewegung einengen.

Fakt ist …

… Wenn Alttiere rangniedere anspringen oder sich mit den Füßen auf deren Rücken stellen, hat das zunächst einmal pauschal nichts mit Rang, Alter oder Geschlecht zu tun, sondern dient oft der sozialfreundlichen Kontaktaufnahme oder der Begrüßung. Umgekehrt kommt es häufig vor, dass rangniedrige Wölfe sich bei enthusiastischen Begrüßungen auch bei Mama oder Papa auf den Rücken stellen. Dann wird anschließend gemeinsam geheult.

Bedeutung für den Hundehalter …

Welcher Hundehalter kennt nicht das leidige Anspringen und hemmungslose Herumgehopse, besonders wenn man nach Hause kommt. Versuchen Sie herauszufinden, warum Bello Sie anspringt. Gehen Sie in die Hocke und schauen Sie, wie der Hund reagiert. Wenn er sofort Ihr Gesicht leckt, ist dies als Begrüßung oder als freundliche Kontaktaufnahme gemeint.
Ist das nicht der Fall und/oder klammert sich der Hund an Ihrem Bein fest, kann es tatsächlich der Versuch sein, Aufmerksamkeit auf sich zu lenken oder Ihren Freiraum einzuschränken. Dann ist ein klares Abbruchsignal nötig. Sagen Sie deutlich „Nein!" oder schieben Sie Bello gelassen zur Seite. Wenn Sie grundsätzlich mit dem Anspringen ein Problem haben, dann probieren Sie Folgendes: Greifen Sie seine Pfoten und halten Sie sie fest. Der Hund, der nicht damit rechnet, wehrt sich dagegen und wundert sich. Dann lassen Sie ihn los.

Ganz dreiste Hunde können Sie so auch wegschieben, wobei Sie direkt in ihn hineingehen. Wenn er Sie wieder anspringt, dann wiederholen Sie das Ganze einige Male und zwar ruhig und ohne großes Getue. Die meisten Hunde setzen sich hin. Alternativverhalten wird sofort belohnt! Probieren Sie diese Übung dann noch einmal mit „Fremden", also leidensfähigen Freunden, die „zu Besuch" kommen.

Behauptet wird ...

... Wenn ein Wolf sich vor den anderen legt, will er damit immer seinen Sozialstatus unterstreichen und Kontrolle ausüben.

Fakt ist ...

... Es hat nichts mit einem Dominanzversuch zu tun und ist auch nicht abhängig von Rang und Geschlecht, wenn sich ein Wolf vor die Füße eines anderen Wolfes legt. Gerade wenn sich Tiere besonders gut

vertragen oder Freundschaftsbeziehungen haben, wird der Körperkontakt gesucht, was der sozialen Nähe dient.

Bedeutung für den Hundehalter ...

Was den Mythos angeht, ein Hund wolle seinen Besitzer grundsätzlich kontrollieren, wenn er sich ihm vor die Füße legt, so ist dies ein Irrtum. Es handelt sich vielmehr um eine besondere Form des sozialen Kontaktes, vergleichbar mit dem Verhalten, wenn Bello seinen Kopf auf Ihr Knie oder Ihren Schoß legt. Er sucht Ihre Nähe und Sie sollten sich darüber freuen.
Aber Vorsicht! Ein Hund kann so auch Aufmerksamkeit einfordern und ziemlich penetrant sein. Deshalb gilt es, genauer

Dieser Rottweiler legt den Kopf auf, um gestreichelt zu werden. Auf dem nächsten Bild legt sich der Hund in neutraler Körpersprache vor die Beine eines Menschen. Ein solches Verhalten kann verschiedene Bedeutungen haben und muss individuell beurteilt werden.

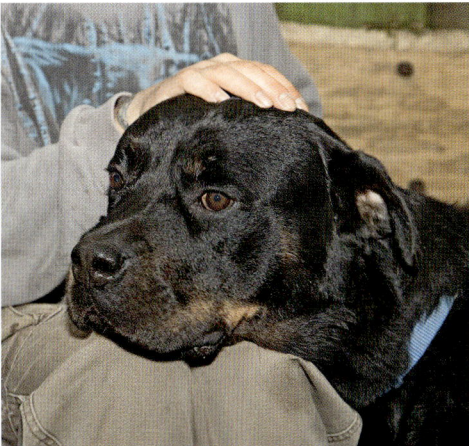

hinzuschauen, gegebenenfalls den Kontaktversuch nicht zu gestatten und den Hund auf seinen festen Platz zu verweisen. Es liegt an Ihnen, im manchmal hektischen Alltag von Fall zu Fall zu entscheiden, ob Sie gerade Zeit haben, Sozialkontakt zu pflegen, oder ob Sie Ihrem Hund mit der Bemerkung: „Jetzt nicht!" klarmachen, dass er sich zurückhalten soll.

Beispiele von frei lebenden Wölfen

Banff: Du sollst Vater und Mutter ehren

Dass ein Leittier, das Schwäche zeigt, längst nicht automatisch von aufstrebenden Erwachsenen zum Kampf um den höchsten Sozialstatus herausgefordert wird, konnten wir unter anderem im Juni und Juli 1999 beobachten. Die Wolfseltern Betty und Stoney waren damals beide etwa neun Jahre alt. Ihr zunehmendes Alter machte sich dadurch bemerkbar, dass sie sehr viel langsamer wurden als früher und viel mehr schliefen. Eines Morgens stand Stoney auf und schleppte sich eine Anhöhe hinauf. Er humpelte schwer. Am Tag zuvor war die ganze Familie zur Jagd aufgebrochen. Wir nehmen daher an, dass sich Stoney beim Angriff auf ein großes Beutetier verletzt haben musste. Auch Betty hatte wohl einen Schlag auf das linke Vorderbein erhalten; sie humpelte ebenfalls. Diese offensichtliche „Schwäche" wäre nun eine günstige Gelegenheit für den zwei- bis dreijährigen Sohn Blackface gewesen, den Vater anzugreifen und die Führung zu übernehmen. Auch die zwei Jahre alten Töchter Mrs. Gray und Alpine hätten ihre Chance zum Sturz der Mutter ergreifen können. Aber keines der

Kinder (und schon gar nicht Jährling Redears) kamen auf eine solche Idee.

Auch in den darauffolgenden Tagen lagen die Alten zusammen in einer Schlafmulde und schauten ihrem Nachwuchs zu. Jeden Morgen, wenn sie wach wurden, reichte ein einziger Blick von Stoney oder Betty, um die Ordnung in der Familie zu festigen und den Nachwuchs zu liebevollen Ehrfurchtsbezeugungen zu animieren. Ohren anlegen, eine unterwürfige Geste hier und da – und schon waren die Dominanzbeziehungen wieder ohne großen Aufwand gefestigt. Die Alttiere mussten kein Imponiergehabe ausführen. Sie benötigten weder Freiraum begrenzende noch Bewegung einengende Maßnahmen, um den Nachwuchs in Schach zu halten. Blackface schaute öfter einmal zu seinem Vater hinüber, als ob er sich die Erlaubnis einholen wollte, die beiden Welpen beschäftigen zu dürfen. Alpine marschierte alleine los und kam einige Stunden später mit einem Fleischbrocken im Maul zurück und versorgte die Welpen.

Redears tat sich derweil als besonders emsige Babysitterin hervor. Sie initiierte Renn- und Objektspiele und ließ die Welpen ganz bewusst hin und wieder gewinnen. In solchen Momenten trugen sie dann stolz ein Stück Beute umher und schüttelten es durch. Dann kamen die hauseigenen Raben, stahlen Essensreste und flogen mit ihnen davon. Betty und Stoney beobachteten das bunte Treiben und schienen mit sich und der Welt zufrieden zu sein.

Die Alten verfügten über viel Erfahrung. Es kam nie der leiseste Zweifel auf, dass sie weiterhin das Sagen hatten. Im Gegenteil – alle Jungtiere zeigten leicht unterwürfiges Verhalten ihren Eltern gegenüber, und das sogar auch noch im Folgejahr, als sie noch älter und noch schwächer wurden und aufgrund ihrer Fellfärbung wie alte weise Greise aussahen und für jeden als Senioren klar erkennbar waren. Diese Ehrfurcht der Kinder den Eltern gegenüber hat uns tief beeindruckt.

Im Winter 2000/2001 setzten sich die Alten immer weiter von der Gruppe ab. Sie waren nun im östlichen Teil des Reviers unterwegs, der Nachwuchs hingegen im westlichen. Wie unsere jahrelangen Beobachtungen belegen, scheinen sich ehemalige Leittiere ganz unspektakulär zurückzuziehen, wenn ihr Ende naht. Dann verkriechen sie sich in dichtem Buschwerk oder zwischen Felsen und sehen dem bevorstehenden Tod ins Auge. Keine großen Abschiedsszenen, keine Ernstkämpfe mit anderen Erwachsenen. Wenn die Zeit gekommen ist, wissen Eltern-

tiere anscheinend instinktiv, dass es nun besser ist, still und leise zu gehen. Die Dinge nehmen ihren Lauf. Die nächste Generation, die längst selbstständig geworden ist, hält die Familienfahne hoch und zieht wieder Junge auf. Der ewige Kreislauf zwischen Leben und Tod beginnt von Neuem.

Ist der gesamte Nachwuchs noch zu jung und unerfahren, kann der Verlust von Elterntieren auch in einer Katastrophe enden, wie wir in Banff leider beobachten mussten. Nachdem Leitwölfin April im Sommer 2005 durch eine schwere Verletzung bei der Jagd gestorben war, schaffte es ihr Lebenspartner Nanuk nicht, die Jungen alleine zu versorgen. Bis auf einen Welpen, dem es gelang, zu überleben, starben alle anderen fünf Geschwister. Sie verhungerten, da Nanuk nicht genug Nahrung für sie beschaffen konnte.

Von klein auf entsteht eine enge Bindung zwischen der Hundemutter und ihrem Nachwuchs.

Vertrauen aufbauen und Sicherheit geben – das zeichnet einen menschlichen „Leitwolf" aus.

Yellowstone: Freundliche Übernahme

In einer Wolfsfamilie unterstützen sich die Familienmitglieder gegenseitig. Sogar verletzte Tiere werden für gewöhnlich von den anderen Gruppenmitgliedern durch das bewusste Forcieren sozialer Nähe unterstützt und durch regelmäßigen Nahrungstransport versorgt. Einer der ältesten Wölfe im Park war der zehnjährige Wolf Nr. 113M. Er war der Leitwolf der Agate-Familie, die 2006 aus 13 Mitgliedern bestand.

In diesem Jahr wurde 113 beim Kampf mit einer anderen Wolfsgruppe schwer verletzt. Der gegnerische Wolf hatte ihm die Hoden herausgerissen. Tagelang lag das verletzte Tier unbeweglich auf einem Fleck, und nur die Signale seines Radiohalsbandes wiesen darauf hin, dass er nicht tot war. Dann begann er, seinen Kopf zu heben und schließlich sich aufzurichten. Als er aufstand und sich breitbeinig auf einen höher gelegenen Platz schleppte, wussten wir, dass er das

Schlimmste überstanden hatte. In der Zwischenzeit hatte sein Sohn (383M) ganz selbstverständlich die Führung der Agate-Familie übernommen. Alle kümmerten sich um den verletzten Wolf und ließen ihn nicht allein. Wann immer die Agates auf Jagdausflüge gingen, blieben ein oder zwei Familienmitglieder bei ihm. Kamen sie zurück, brachten sie ihm stets Futter mit und versorgten ihn. Selbst an emotionalem Beistand schien es nicht zu fehlen. Sie leckten dem alten Leitrüden die Wunden und begrüßten ihn, wenn sie nach einem Jagdausflug heimkamen, ebenso begeistert und mit deutlichem Respekt wie ihr neues Familienoberhaupt.

113 wurde wieder gesund, aber er wurde kein Leitwolf mehr. Er zog weiter mit der Gruppe, da seine Fähigkeit, ein Beutetier blitzschnell zu töten, gebraucht wurde. Und er blieb bis zu seinem Tod ein hochgeschätztes Mitglied der Familie.

Führung durch einen Jungwolf

Dass Führungsqualitäten offensichtlich an den Nachwuchs weitergegeben werden, konnten wir sehen, als zwei Söhne von 113 als „jüngste Leitwölfe in der Geschichte des Yellowstone-Wolfsprojektes" Schlagzeilen machten.

Der Leitwolf der Sloughs war Weihnachten 2006 gestorben. Innerhalb von wenigen Tagen kam ein Jungwolf der Agate-Gruppe zum Klan und wurde das neue Familienoberhaupt. Dieser Wolf war ein Sohn von 113. Die Sloughs bestanden zu diesem Zeitpunkt ausschließlich aus weiblichen erwachsenen Tieren und einem Rüden, der der Sohn der Leitwölfin war. Mit 20 Monaten war der Neue schon paarungsreif und wurde mangels weiterer paarungsfähiger Rüden von der Leitwölfin akzeptiert. Im folgenden Sommer wurde der junge Gruppenchef von einem Auto überfahren. Jetzt tauchte wieder innerhalb von wenigen Tagen der nächste Sohn von 113 und jüngere Bruder des überfahrenen Tieres auf. Mit nur 17 Monaten wurde 590M zum jüngsten Leitwolf, den es je in Yellowstone gab. Er schien die Führungsqualitäten seines Vaters geerbt zu haben. Dennoch fehlte ihm in vielen Situationen die Erfahrung. Mehrmals konnte er sich und seine Familie nur durch halsbrecherische Flucht retten, als die Gruppe von fremden Wölfen angegriffen wurde. Schließlich löste sich Ende 2008 die Slough-Familie auf.

Dass eine Verletzung nicht unbedingt die Paarung behindern muss, konnte ich vor ein paar Jahren selbst beobachten. Der Leitwolf der Geode-Gruppe war bei einer Besenderungsaktion von einem Betäubungspfeil ins Bein getroffen worden und konnte es nun

eine Zeit lang weder bewegen noch richtig belasten. Dennoch paarte er sich mit seiner Leitwölfin, wobei er sie mit den Vorderpfoten umklammerte und dabei mühsam auf dem einzigen brauchbaren Hinterbein balancierte. Dabei ließ er sich von nichts aus der Ruhe bringen.

Der „Alpha" ist tot, es lebe der Leitwolf!

Obwohl in der Hundeszene der Alpha-Begriff immer noch herumgeistert, benutzen die meisten Freilandforscher ihn schon seit mehreren Jahren nicht mehr. Im 448 Seiten umfassenden Werk „Wolves, Behavior, Ecology and Conservation", herausgegeben 2003 von Luigi Boitani und L. David Mech, geschrieben von 23 Autoren und Wolfsspezialisten, wird der Begriff „Alpha" nur an sechs Stellen erwähnt und dann auch nur, um zu erklären, warum man ihn nicht mehr benutzt.

In der Vergangenheit wurde dieser Ausdruck insbesondere in der Gehegeforschung verwendet, um die hierarchische Struktur von oben nach unten aufzuzeigen. Aus dem gleichen Grund sprechen die meisten Freilandforscher heute auch nicht mehr vom „Rudel", sondern vom „Familienverband". Leitrüde und Leitweibchen ziehen gemeinsam möglichst viele Welpen auf. Dies geschieht in Teamarbeit. Der alles entscheidende „Macho"-Alpharüde ist Schnee von Gestern. Oftmals kümmern sich mehrere Mütter zusammen um zwei Würfe Welpen. Auch für Mensch und Hund sollte gegenseitige soziale Unterstützung selbstverständlich sein.

Mythos „Dominanz"

Behauptet wird …

… Die Dominanz eines Wolfes verändert sich nicht und ist auf alle Zeiten festgelegt.

Fakt ist …

… Dominanzbeziehungen unterliegen häufigen Wechseln und können sich durchaus verändern. Wenn eine Wolfsfamilie aus sehr vielen jüngeren Mitgliedern besteht, können einzelne Tiere darunter sein, die noch nicht wissen, wo genau ihr Platz innerhalb der Familie ist. Besonders Wölfe aus dem ungeklärten sozialen Mittelfeld testen durch häufige Interaktionen immer wieder gerne, welchen Sozialstatus sie innehaben und wo ihr Platz innerhalb der komplexen Gruppengemeinschaft ist.

Grundsätzlich gilt: Zu einer Dominanzbeziehung gehören immer zwei: einer, der dominiert, und der andere, der sich dominieren lässt. Wollen beide dasselbe, entsteht ein Konflikt, der geklärt werden muss.

Bedeutung für den Hundehalter

Wenn wir Dominanz im Zusammenhang von „Beziehungen" definieren, dann sind echte Dominanzbeziehungen zwischen Menschen und Hunden sehr selten. Im Normalfall ist der Mensch derjenige, der das Tagesgeschehen bestimmt und der Hund fügt sich ein. Wichtig ist für Sie als Hundehalter, dass Sie – wenn es um Belanglosigkeiten geht – auch einmal fünfe gerade lassen können. Bei wichtigen Dingen jedoch müssen Sie sich durchsetzen und Ihrem Hund klarmachen, dass für Sie „Nein" auch

„Nein" bedeutet und nicht „Vielleicht", „Eventuell" oder „Das müssen wir nochmal ausdiskutieren". Hunde handeln sehr konsequent und erwarten von uns, dass wir ebenso konsequent sind.

Beispiel: Wenn der Hund einen festen Platz im Haus hat und Sie ihn dorthin schicken, er sich jedoch woanders hinlegt, brauchen Sie kein großes Theater zu machen wie „Ich hab dir doch gesagt, *das* ist deine Decke!", sondern Sie können es dabei belassen.

Haben Sie mehrere Hunde und die Situation schaukelt sich mit Stellungsspielchen hoch, dann muss jeder der Hunde wissen, wo sein fester Platz ist, und Sie müssen darauf bestehen, dass alle Hunde ihren eigenen Platz auch einnehmen. So sorgen Sie im Vorfeld dafür, dass die Lage nicht eskaliert.

Behauptet wird …

… Die ranghohen Wölfe müssen die anderen Familienmitglieder ständig dominieren und disziplinieren, damit sie ihre Position beweisen und behalten können.

Fakt ist …

… Ranghohe Tiere sind stets sehr bemüht, eine sozialfreundliche Grundstimmung innerhalb der Familie zu erhalten. Sie bemühen sich außerdem um Harmonie in der Gruppe, weil diese den Zusammenhalt und das Gemeinschaftsgefühl fördert. Dabei scheuen sie sich nicht, in bestimmte Konfliktsituationen einzugreifen. Fakt ist, dass es gestandene Leittiere nicht nötig haben, ständig zu dominieren, weil sie eine natürliche Autorität ausstrahlen.

Hier stellt sich ein kleiner Schnösel über den anderen. Bei Welpen gibt es grundsätzlich noch keine festen Dominanzbeziehungen, insbesondere nicht zwischen denjenigen Tieren, die dem sozialen Mittelfeld zuzuordnen sind. Aber früh übt sich, wer ein Meister werden will.

Bedeutung für den Hundehalter

Zunächst betonen wir noch einmal, dass es zwischen Mensch und Hund keine strikt hierarchische soziale Rangordnung (die dem Recht der Fortpflanzung dient) gibt. Darum müssen Sie nicht ständig versuchen, Ihren Hund zu dominieren, was ihm ein völlig falsches Bild vermitteln würde. Statt Dominanz zu zeigen, sollten Sie eine Vorbildfunktion für Ihr Tier haben. Schon vor der Anschaffung eines Hundes empfiehlt es sich, einen Plan aufzustellen, wie, wo und was in bestimmten Situationen passieren muss. Hunde sind Routine-Tiere, die eine Art „Berechenbarkeit" aus dem Alltag mit

Ihnen ableiten. Bringen Sie darum eine gewisse Routine in Ihr Leben. Beispiel: Morgendliche Begrüßung am oder im Bett, aufstehen, frühstücken, danach Gassigehen, dann Ruhe usw. Wenn Sie keinen derartigen Alltagsplan haben, sondern ständig spontane oder willkürliche Entscheidungen treffen, ist dies besonders für einen jungen Hund nicht berechenbar. Das Tier wird konfus und erlebt massiven Stress. Routineabläufe helfen dagegen, Stresssituationen einzuschränken. Tauschen Sie als Hundehalter unsinnige Dominanzgesten gegen Routine ein. Damit Ihr Tier Ihnen gegenüber Respekt zeigt, müssen Sie es nicht ständig dominieren, besonders dann nicht, wenn Sie im Alltag klare Regeln umsetzen.

Diese Frau zeigt durch ihre gesamte Körpersprache starke Verunsicherung, was jeder Hund mit einem einzigen Blick sofort registrieren kann und oftmals sein Verhalten darauf einstellt. Hier: Border Collie mit angelegten Ohren und eingeklemmter Rute.

Im Gegensatz dazu tritt hier eine Frau völlig souverän und sicher auf, woraufhin der Hund ganz gelassen neben ihr sitzt. Hunde erkennen am gesamten Auftreten eines Menschen, ob er als Leitfigur taugt oder nicht taugt.

In vielen Lebenslagen sieht man Hunde, die sich ihrem Besitzer mit angelegten Ohren und unterwürfiger Haltung nähern. Meist denken wir dann, dass das Tier geschlagen wurde. Damit hat dieses Verhalten jedoch nichts zu tun. Es ist die typische Körpersprache eines dem Menschen untergeordneten Tieres, das dessen Leitfunktion in der Regel anzuerkennen bereit ist. Wir müssen hier umdenken. Nicht: Der Obere dominiert den Unteren, damit dieser sich unterwürfig zeigt, sondern: Der Untere stabilisiert durch unterwürfiges oder einschleimendes Verhalten nach oben.

Natürlich gibt es auch ängstliche Tiere, die aufgrund schlechter Erfahrungen ihre Verunsicherung durch extreme Unterwürfigkeit zum Ausdruck bringen. In der Wolfswelt würden solche Tiere letztendlich abwandern und versuchen, sich alleine durchzuschlagen, was der normale Haushund ja nicht machen kann.

Behauptet wird ...

... Dominanz ist grundsätzlich mit dem Aufzeigen von Aggressionen gleichzusetzen.

Fakt ist ...

... Leittiere, die ständig herumfuhrwerken und mit provokantem Ausdrucksverhalten auch noch oftmals aggressive Gebärden zeigen, getreu dem Motto „Große Klappe, nix dahinter", sind meist diejenigen, die einen Machtverlust fürchten und deswegen gar nicht dominant sind. Wirklich dominant ist derjenige, der beispielsweise durch einen fixierenden Blickkontakt oder eine andere deutliche Demonstrationsgeste (wie Weg abschneiden oder Weg blockieren) eine Situation regeln kann.

Bedeutung für den Hundehalter

Autorität genießt, wer wenig Aggressionen zeigt, wer sich ruhig und besonnen durchsetzt und wer vor allen Dingen verlässlich ist und alles regeln kann, was er regeln will. Wer als Hundehalter ständig aggressiv ist, demonstriert Hilflosigkeit, was das genaue Gegenteil von Dominanz ist.
Für den Umgang mit Ihrem Hund brauchen Sie nicht ständig irgendwelche Hilfsmittel, und Sie müssen sich auch nicht anbiedern und planlos Leckerchen in ihn hineinschieben, um ihn zu bestechen. Damit erreichen Sie keine stärkere Bindung. Führungspersönlichkeiten bringen sich selbst in die Beziehung ein, und Ihr Hund wird gern bereit sein, Ihnen zu folgen und sich Ihnen anschließen.

Natürlich fällt es nicht jedem Hund leicht, eine Vertrauensbasis zu seinem Besitzer aufzubauen. So gibt es zum Beispiel Tierheimhunde, die aufgrund ihrer schlechten Sozialisation oder durch sehr schlimme Vorerfahrungen dem Menschen eher skeptisch gegenüber stehen, egal wie sehr er sich auch bemüht. Zum Glück gibt es heutzutage genug Spezialisten für diese Tiere im Tierschutz, die Mensch und Hund helfen können, eine Vertrauensbeziehung aufzubauen.

Behauptet wird ...

... Die dominanten Tiere sind immer Draufgängertypen.

Fakt ist ...

... In der Verhaltensbiologie unterscheidet man grundsätzlich zwischen zwei Grundcharaktertypen: Typ A ist der wagemutige, forsche und extrovertierte Typ. Er ist bei Situationen, die neu auf ihn zukommen, und die er nicht durch sein Verhalten kontrollieren kann, schnell überfordert.
Typ B ist der zurückhaltende, etwas scheue und introvertierte Typ, der alles „aussitzt". Leittiere einer Familie bestehen fast immer aus einer Kombination von A- und B-Typen, die sich gegenseitig ergänzen. Das bedeutet jedoch nicht, dass der A-Typ immer der Rüde und der B-Typ immer das weibliche Tier ist.
Fest steht: Draufgängertypen können auf sich alleine gestellt wenig ausrichten, sondern brauchen einen Gegenpol, der für den notwendigen Ausgleich sorgt.

Wenn Sie wissen möchten, zu wem Ihr Hund tendiert, ob zum A- oder B-Typ, machen Sie so wie auf diesen Fotos folgenden Test: Hängen Sie eine orangefarbene Warnweste auf einen Besenstiel. Holen Sie Ihren Hund (dabei ist es egal, wie alt er ist) und lassen ihn völlig frei entscheiden, was er als Nächstes tut. Der A-Typ wird sich der Weste nähern und diese gegebenenfalls sogar untersuchen wollen (Bild oben), während der B-Typ erst einmal abwartet, sich dann der Warnweste eventuell vorsichtig nähert oder auf Abstand bleibt, und überprüft, was jetzt als Nächstes passiert.

Bedeutung für den Hundehalter

Auch bei uns Menschen gibt es die bereits beschriebenen unterschiedlichen Charaktertypen. Gehören Sie zum extrovertierten A-Typ, müssen Sie lernen, sich zu beherrschen und nicht allzu impulsiv zu handeln. Als zurückhaltender scheuer B-Typ haben Sie manchmal das Problem, zu langsam zu handeln, nicht schnell genug zu reagieren. Getreu dem Motto: „Wer zu spät kommt, den bestraft das Leben."

Die ideale Zusammensetzung von Mensch und Hund ist A-Typ plus B-Typ. „Gegensätze ziehen sich an", sagt der Volksmund. Was aber, wenn Sie beispielsweise Züchter sind, und die perfekten Welpen haben das perfekt zu ihnen passende Herrchen oder Frauchen gefunden, aber es bleibt nur noch ein Typ übrig, für den sich kein Gegenpol findet? Keine Sorge, manchmal gilt auch die Regel: „Gleich und Gleich gesellt sich gern." Bleibt ein A-Hund übrig, kann der beispielsweise gut mit einem Menschen klarkommen, der viel Erfahrung mit diesem Typ mitbringt. Oder der A-Welpe passt zu einem Sportler, der froh ist, wenn er einen aktiven Hund bekommt. Umgekehrt kann vielleicht ein ruhiger, zurückhaltender Mensch, der zu Hause lange Stunden am Schreibtisch verbringt, mit einem beschaulichen B-Hund sehr glücklich werden, der sich damit begnügt, wenn sich einmal weniger mit ihm beschäftigt wird.

Beachten sollten Sie bei den verschiedenen Hundetypen, dass ein aktiver A-Hund eher zu Übermotivation neigt, wenn er zu sehr gepuscht wird. Ihn müssen Sie also immer wieder zwischendurch bremsen und ihm

Grenzen setzen. Dagegen neigt der ruhige B-Typ deutlich mehr dazu, manchmal etwas scheuer zu agieren und sich selbst zu behindern. Ihm können Sie helfen, indem Sie ihn mehr motivieren.

Behauptet wird ...

... Wölfe kontrollieren durch permanentes Dominanzverhalten alle Mitglieder des Rudels sowie alle Ressourcen.

Fakt ist ...

... Wie wir vorangehend bereits erklärt haben, ist Dominanz keine Eigenschaft, sondern kennzeichnet die Art und Weise einer Beziehung, die Haltung zu einem Gegenüber. Wir unterscheiden zwischen formaler und situativer Dominanz; meist werden diese Begriffe verwechselt oder gleichgesetzt. „Formal dominant" sind Tiere, die in erster Linie soziale Geborgenheit vermitteln, aber auch der jeweiligen Gegebenheit angepasst nach eigenem Willen handeln. Dazu gehört zum Beispiel das Recht, einem anderen Gruppenmitglied gegebenenfalls den Weg zu versperren, es in die Ecke zu drängen oder es runterzudrücken. Hier geht die Beziehung also nur in *eine* Richtung. Die meisten Menschen verbinden diesen Begriff mit Aggression oder Gewalt und sehen ihn negativ. Aber das Gegenteil ist der Fall. Denn so werden Konflikte im eigenen Interesse gelöst – und zwar ohne offen aggressive Handlungen wie zum Beispiel Ernstkämpfe. Grundsätzlich bedeutet die Umsetzung von formaler Dominanz etwas viel Wichtigeres, nämlich die Vermittlung von Schutz!

„Situative Dominanz" dagegen ist in einer aktuellen, momentanen Situation gegeben, bei der auch der Ranghöhere auf sein Recht verzichten kann. Hier geht es grundsätzlich um Ressourcen, wenn der Rangniedere etwas besitzt, was der Ranghöhere gerne hätte, zum Beispiel einen Knochen. Derjenige, der sich in einer Dominanzbeziehung am meisten durchsetzt, ist in dieser Situation das dominante Tier. Dominanz wird immer in einer Zweierbeziehung getestet und erarbeitet und momentane Dominanz wird unabhängig von Geschlecht, Rang oder Alter gezeigt.

Bedeutung für den Hundehalter

Im alltäglichen Leben von Mensch und Hund spielt die situative Dominanz eine der wichtigsten Rollen. Es gibt immer Konfliktsituationen, die gelöst werden müssen, wenn dem Hund situationsbedingt klargemacht werden muss, was der Mensch gutheißt und was eben nicht.

Bei formaler Dominanz besteht die Verpflichtung, den Hund zu schützen, wenn er unüberlegt in eine schwierige Lage oder eine Gefahrensituation gerät. Damit sich Ihr Hund gut bei Ihnen aufgehoben fühlt, muss er an Ihrem Leben teilhaben. Nehmen Sie ihn also ruhig mit in die Stadt zum Einkaufen oder zum Essen in ein Restaurant. Artgerecht für den Hund ist, mit dem Menschen eng zusammenzuleben! Das heißt jedoch auch, dass wir alles daran setzen sollten, unserem Hund regelmäßigen Kontakt zu Artgenossen zu erlauben. Kein Mensch auf der Welt ist nämlich in der Lage, so nuanciert zu spielen, wie Hunde miteinander.

Behauptet wird …

… Die ranghohen Wölfe dominieren die rangniederen dadurch, dass sie ihnen den Kopf auf die Schulter oder den Rücken legen.

Fakt ist …

… Den Kopf auf die Schulter oder den Rücken zu legen, muss nicht zwangsläufig etwas mit Dominanz zu tun haben. Wir wissen, dass bei Welpen ab der sechsten Lebenswoche schon der ranghöchste und der rangniedrigste feststehen. Wir wissen auch, dass alle anderen Welpen dazwischen zum sogenannten „ungeklärten sozialen Mittelfeld" zählen. Die Tiere in diesem Mittelfeld interagieren und spielen am häufigsten miteinander und sind die geselligsten. Die ranghohen Tiere finden solche Spielaktionen blöd und beteiligen sich kaum daran. Sie gehören später eher zu den Führungspersönlichkeiten.
Die ranghöchsten und die rangniedrigsten Wölfe sind auch diejenigen, die als Erste abwandern. Die Beziehungen der Tiere im Mittelfeld untereinander stehen noch eine ganze Weile nicht fest. Darum haben die meisten dieser Tiere einen Klärungsbedarf – und darum sind gerade *sie* es, die einander am häufigsten den Kopf auflegen. Die Eltern dagegen haben es nicht nötig, ihre Position zu klären und ständig jemandem den Kopf aufzulegen.
Wer Abgeklärtheit und Gelassenheit ausstrahlt, wer als Leittier in der Lage ist, wichtige Lebensweisheiten zu vermitteln, wirkt auf seine Schutzbefohlenen auch so unwiderstehlich.

Bedeutung für den Hundehalter

Rein praktisch würde es für uns Menschen schwierig werden, einem Yorkshireterrier den Kopf auf die Schulter zu legen, um Dominanz zu demonstrieren. Legt Ihr Hund seinen Kopf auf Ihren Schoß oder funktioniert er Sie als Sofakissen um, dann ist dies meistens ein Zeichen einer besonderen Vertrauensbeziehung. Es kann aber auch eine Aufmerksamkeitsaufforderung bedeuten. Hier verweisen wir auf das bereits in Kapitel „Mythos Alpha" Gesagte (siehe S. 25).

Behauptet wird …

… Die Alphas dominieren die anderen Wölfe durch „Gruppen-Sprengen", indem sie sich in eine Gruppe hineindrängen und sie so auflösen.

Fakt ist …

… Sowohl Leittiere als auch die ranghöchsten Schnösel können Gruppen sprengen. Sie tun dies jedoch nicht aus Dominanzgründen, sondern als eine Art „Erziehungsmethode".
Wenn die Schnösel wie durchgedrehte Kinder zu wild und ungehemmt werden und dabei die Alttiere anrempeln und ihnen auf die Nerven gehen, steht einer der Erwachsenen auf und drängt sich in den wild gewordenen Haufen, damit wieder Ruhe einkehrt. Dabei scheut sich ein erwachsenes Tier auch nicht, deutliche Droh- und Abbruchsignale einzusetzen.

Bei einer allgemein hektischen, beziehungsweise sogar aufgeheizten Situation kann der Einsatz von sozial sicheren Althunden empfehlenswert sein. Diese können das Geschehen meist schneller und viel präziser regeln als der Mensch und sorgen gezielt für Ruhe.

Bedeutung für den Hundehalter

Auch wir Zweibeiner können „Gruppen sprengen". Halten Sie mehrere Hunde und die Gruppe wird zu enthusiastisch und schaukelt sich hoch, dürfen Sie selbstverständlich körpersprachlich eingreifen. Indem Sie mit forschem Schritt und mit einem lauten „Jetzt ist aber Schluss!" mitten in die Gruppe treten, kopieren Sie das Verhalten von Tiereltern. Es gibt auch bei Hunden sogenannte „Friedensstifter", die in eine Ansammlung durchgeknallter Kumpel hineinrennen und so die Gruppe sprengen. Dies können fremde Hunde auf der Hunde-

wiese sein. Wenn diese Tiere grundsätzlich sozial sicher und freundlich sind und niemanden verletzen wollen, können Sie sie ruhig schalten und walten lassen. Freuen Sie sich, wenn Sie eine solche Hilfe zur Seite haben, die all das kann, wozu Sie vielleicht nicht in der Lage sind. So kommen wieder Ruhe und Gleichgewicht in die Gruppe.

Behauptet wird …

… Die dominante Wölfin eines Rudels tötet grundsätzlich alle Welpen ihrer Rivalinnen, damit ihr hoher Sozialstatus nicht infrage gestellt wird.

Fakt ist ...

... Normalerweise gibt es bei den Leitwölfinnen eine große Akzeptanz und Toleranz gegenüber ihren Töchtern und Schwestern, die ebenfalls Nachwuchs bekommen haben. Manchmal jedoch geschehen innerhalb von Wolfsfamilien tatsächlich auch Kindstötungen. Im Allgemeinen kann man aber davon ausgehen, dass die Mütter, die zusammen Kinder großziehen, eine gute Beziehung zueinander haben. Noch ungeklärt, aber

Wer meint, nur weil es gerade modern ist, seinen Hund ständig im monotonen Spiel mit Objekten hochpushen zu müssen, sollte berücksichtigen, dass dies zu suchtartigem Verhalten führen kann und dementsprechend auch sehr viel Stress verursacht. Gegen ein Ballspiel in einem gewissen Rahmen ist natürlich nichts einzuwenden.

spannend ist die Frage, welche Charaktertypen (A oder B) gemeinsam den Nachwuchs großziehen. Wir erleben es immer wieder, dass nicht nur zwei Mütter, sondern oft mehrere zusammen eine Art Kita eröffnen und manchmal sogar vier oder fünf Mütter ihre Kleinen gemeinschaftlich in eine Höhle bringen und sich abwechselnd um den gemeinsamen Nachwuchs kümmern.

Bedeutung für den Hundehalter

Es ist völlig normal, dass eine Hundemutter ihre Welpen abgrenzt und nicht sehr begeistert ist, wenn fremde Hunde, womöglich noch fremde Hündinnen zu Besuch kommen. Wenn sich beim Züchter Familien mit fremden Hunden anmelden, um sich die Welpen anzuschauen, sollte dies bei der Erstbegegnung strikt abgelehnt werden. Grundsätzlich sollte eine erste Begegnung zwischen dem Welpen und dem bereits in der künftigen Familie lebenden Hund auf neutralem Boden stattfinden, nicht im heimischen Revier.

Behauptet wird ...

... Dominante Tiere verursachen Stress bei unterwürfigen Tieren, weil sie immer darauf bestehen, dass diese unterwürfig bleiben. Rangniedere Wölfe empfinden täglich viel Stress durch die Unterdrückung der Rangoberen, die ihre Jungen permanent in Schach halten müssen, um ranghoch zu bleiben. Weil sie so ständig sozialen Stress haben, wandern alle Jungtiere so schnell wie möglich ab.

Fakt ist …

… Regelmäßiges Einüben von Ritualhandlungen einschließlich dem Setzen von Grenzen durch Drohen, Brummen, Knurren und Ähnlichem reduziert sozialen Stress, weil dadurch Klarheit geschafft wird. Verantwortungsvolle Leittiere, die alle Pflichten wie beispielsweise Gefahrenerkennung und Abwehr ernst nehmen, haben nachweislich einen erheblich höheren Stresslevel als rangniedere Tiere. Jungtiere können dagegen unter den Fittichen der Alten ihr Leben größtenteils unbedarft genießen, auch wenn sie hin und wieder einmal im sprichwörtlichen Sinne „einen auf den Deckel bekommen". Wer einen klaren Handlungsrahmen besitzt, hat weniger Stress.

Bedeutung für den Hundehalter

Auch Menschen, die die Führung des Hundes ernst nehmen, sind manchmal erheblich gestresster als der eigene Hund, obwohl man immer umgekehrt argumentiert („Der arme Hund hat Stress.").

Viele Menschen sind emotional instabil und wissen in heiklen Situationen nicht, was sie tun sollen. Besonders Ersthundebesitzer wollen alles besonders gut machen und sind oft überfordert. Dann übertragen sie den eigenen Stress auf den Hund.

Menschen, die keine emotionale Stabilität mitbringen, brauchen Hilfe durch entsprechende Fachleute. *Kurzfristig* helfen manchen Hundebesitzern tatsächlich homöopathische Beruhigungsmittel, die durchaus zu einem schnellen Erfolgserlebnis führen können.

Beispiele von frei lebenden Wölfen

Banff: Wehe, wenn sie losgelassen

Im Laufe der Jahre haben wir in Banff verschiedene Leitweibchen kennengelernt, die dem eher draufgängerischen A-Typ entsprachen. Alle diese Wölfinnen hatten einen Partner vom ruhigen und besonnenen B-Typ. Diese kessen Wölfinnen liefen oftmals in brenzlige Situationen hinein, ohne so richtig zu wissen, was sie tun. Das kann zu Problemen für die ganze Gruppe führen. Darum gehört es zu den Hauptaufgaben ihrer Lebensgefährten, die wild gewordenen Ladys wieder zu bremsen und „auf den Boden zurückzubringen". A-Typen sind dafür bekannt, dass sie quasi mit dem Kopf durch die Wand rennen wollen.

So hat Nanuk wohl sinnbildlich des Öfteren die Pfoten über dem Kopf zusammengeschlagen, wenn Delinda wieder einmal in eine solche Zwickmühle geriet. Eine derartige Situation konnten wir im Winter 2007/2008 erleben, als Delinda die ältere Spur eines Weißwedelhirsches aufnahm und vor lauter Begeisterung über den offensichtlich unwiderstehlichen Geruch kreuz und quer, ohne den Verkehr zu beachten, mit der Nase auf dem Boden über die Straße lief. Darum nahm sie auch die etwa 50 Touristen, die sie fotografierten, überhaupt nicht zur Kenntnis. Nanuk saß gut versteckt, ungefähr fünfzig Meter entfernt, im Wald und versuchte, seine Herzdame mit Heulen dazu zu bewegen, zu ihm zurückzukommen. Nanuk ist als B-Typ in ähnlichen unüberschaubaren Situationen niemals auf die Straße oder in die Nähe von Menschen gelaufen. Stattdessen zog er es vor, Delinda

immer wieder durch Heulen darauf hinzu-
weisen, dass sie sich in einer Gefahrensituation befand, denn auf der Straße hätte sie
auch leicht überfahren werden können.
Nach langem Heulen hatte es Nanuk endlich geschafft, die „Turboqueen" zu ihm
zurückzulocken. Sie kam aber nicht, weil
sie ein Einsehen in die Situation hatte, sondern wegen ihrer engen Bindung zu Nanuk.
Weil er ständig heulte und sie zum Zurückkommen aufforderte, schien er es wohl
ernst zu meinen.

Aber es gab auch Momente, in denen Delinda in ihrem Enthusiasmus ein Beutetier auf
die Bahngleise scheuchte und dabei schnell
den Überblick verlor. Dann war sie oftmals
überfordert, wenn sich ein Zug näherte und
sie dem Hirsch weiter hinterherlief. Manchmal war es so brenzlig, dass die Wölfin nur
noch etwa 30 Meter vom Zug entfernt war.
Die Züge in Banff rasen mit Geschwindig-
keiten von bis zu 100 Stundenkilometern
heran, die sich von Wölfen genau wie von
Menschen nur schwer einschätzen lässt.
Eine Entfernung von 30 Metern ist da eine
Sache von Sekunden.

Glücklicherweise hatte Delinda ihren Lebenspartner Nanuk zur Seite, der sie immer
wieder warnte und ihr so vermittelte, dass
sie aufpassen solle. Aufgrund ihrer engen
Bindung, hörte sie auf ihn und rettete sich
selbst so oft in letzter Sekunde.

Einmal war Delinda wieder auf der Park-
straße unterwegs und empfand den Verkehr
offensichtlich als völlig normal. Während
der Rest ihrer Familie schon längst außer
Sicht war, lief sie trotz der Autos, die an ihr
vorbeifuhren, ungerührt die Straße entlang.
Als sie schließlich versuchte, ihrer Familie
in den Wald zu folgen, war der Weg durch

Fahrzeuge blockiert. Delinda war irritiert
und fing am Straßenrand an zu heulen. Als
ihre Familie antwortete, konnte sie sich am
Heulen orientieren und zu ihnen zurückfin-
den, wo es eine große Wiedervereinigungs-
Begrüßung gab.

Yellowstone: Tod einer Tyrannin

Dass Wolfsfamilien von der Grundstimmung her freundlich und sozial sind, ist die
Regel. Aber immer wieder gibt es Ausnahmen von der Regel. So wurde in Yellowstone
bisher zwei Mal eine sehr aggressive und
dominante Leitwölfin von ihrer eigenen
Familie getötet. Derartige Ereignisse gehören zu den äußerst seltenen Vorfällen, die
die Beobachtung von wilden Wölfen so
einzigartig macht. Am 8. Mai 2000 wurde
die Leitwölfin des Druid-Rudels, Nr. 40F,
schwer verletzt am Straßenrand aufgefunden. Kurze Zeit später starb sie. Die Nekropsie (= Autopsie an einem wilden Tier) ergab,
dass das Tier von anderen Wölfen getötet
worden war. Was war geschehen?
40F gehörte zu den Wölfen, die 1996 in
Yellowstone wiederangesiedelt wurden.
Gemeinsam mit Wolf Nr. 38M führte sie die
Druid-Peak-Familie an. Ihre Schwester, Nr.
42F, gehörte mit zur Familie. Die Leitwölfin
der Druids war von Anfang an sehr aggressiv. Besonders auf ihre Schwester hatte sie es
abgesehen, weshalb diese von uns Wolfsbe-
obachtern auch „Cinderella" (= Aschenput-
tel) genannt wurde. Ganz schlimm war es
immer während der Paarungszeit, in der
Nr. 40 regelmäßig die meisten weiblichen
Familienmitglieder aus dem Revier biss und
vertrieb. Als Cinderella 1999 gemeinsam
mit ihrer Schwester trächtig wurde, tötete
die dominante Leitwölfin Cinderellas Wel-

pen nach der Geburt. Im Jahr 2000 bekamen drei Weibchen der Druids Welpen, jede in einer eigenen Geburtshöhle: 40F, Cinderella und 106F. Die Leitwölfin hielt sich zu diesem Zeitpunkt meist in der Nähe ihrer eigenen Höhle auf, während Cinderella mit dem Rest der Familie in ihrem Höhlengebiet blieb. Der Druid-Chef und Vater der Welpen beider Geschwister besuchte regelmäßig seinen Nachwuchs. Am Abend des 7. Mai machte sich Cinderella zusammen mit einem Rüden auf den Weg zur Höhle der Leitwölfin. Diese kam ihnen mit dem Leitwolf entgegen. Die Tiere trafen sich etwa in der Mitte zwischen ihren beiden Höhlen und die mächtige Nr. 40 griff sofort ihre Schwester und deren Begleiter an. Die Angriffe waren massiv und die Wölfe unterwarfen sich ihrer Chefin. Danach zogen alle gemeinsam zu Cinderellas Höhle. Da der eigentliche Kampf nachts stattfand, gab es keine Beobachter.

Die Biologen gingen anhand der Spuren davon aus, dass Folgendes geschah: Die Leitwölfin hatte wohl wie schon im Jahr zuvor versucht, Cinderellas Welpen zu töten. Dieses Mal traf sie jedoch auf erbitterten Widerstand. Cinderella hatte Hilfe. Der Rest der Gruppe hatte sich inzwischen mit der freundlichen Wölfin verbündet, griff nun die eigene Leitwölfin an und verletzte sie schwer.

Nach dem Tod von Nr. 40 brachten Cinderella und Nr. 106 ihre Welpen in die Höhle der verstorbenen Leitwölfin und zogen alle Welpen gemeinsam und mithilfe der restlichen Familie auf. Cinderella wurde die neue Druid-Chefin und blieb es bis zu ihrem Tod. Niemals war sie den anderen Familienmitgliedern gegenüber so aggressiv wie ihre Schwester. Vermutlich auch dank ihres Vorbilds und ihrer Gene sind die Druids bis heute noch eine der sozial stabilsten Wolfsfamilien im Park.

Wolfsfamilien sind starken Schwankungen unterworfen. So ging die Zahl der Druids von 37 Wölfen 2002 auf vier Wölfe 2005 (Foto) zurück und erholte sich wieder auf 13 (Mai 2009).

WOLF, MENSCH UND HUND SIND SOZIAL

Führung – Wer ist hier der Boss?

Manche Menschen versuchen durch Abdrängen und Handzeichen ihren Hund permanent zwanghaft hinter sich zu bringen.

Dieser Hund läuft an der Leine auf einer Treppe voran. Im täglichen Leben ist es meistens völlig egal, ob der Hund vor, neben oder hinter seinem Menschen läuft. Es ist der Mensch, der entscheidet, wo der Hund läuft. Das hat nichts mit einer ranghohen Stellung zu tun, sondern gibt dem Tier in der jeweiligen Lebenslage Orientierung. Entgegen landläufiger Meinung muss auch ein Hund nicht nur an der linken Seite eines Menschen laufen. Viele Hundebesitzer führen ihn lieber an der Seite, die der Straße abgewandt ist, um ihn vor dem laufenden Verkehr zu schützen.

Behauptet wird …

… Der Alpha läuft immer vorne, weil er ranghoch ist, und zwingt alle anderen Mitglieder, hinter ihm zu bleiben.

Fakt ist …

… Die Führung von Wolfsfamilien obliegt nicht einem speziellen Tier. Vielmehr können je nach Lebenssituationen und Fähigkeiten unterschiedliche Wölfe die Gruppe anführen, auch Jungtiere.

Im heimischen Revier führen öfter einmal Jungtiere die Gruppe an, weniger dagegen im fremden Gelände. Wenn die Jungen einmal die Führung übernehmen, macht das den Alten nichts. Ihnen bricht dadurch kein Zacken aus ihrer „Leitwolfkrone", und sie verlieren auch nicht ihre Ranghoheit. Im Gegenteil, sie profitieren davon, wenn zum Beispiel im Winter die kräftigen, energiegeladenen Schnösel die Gruppe anführen und so eine Spur im tiefen Schnee vorlegen. Dann zieht der kleine Tross wie ein Hofstaat durch die Landschaft, mit den „Arbeitern" vornweg, den Majestäten in der Mitte und am Ende oder zwischendrin der restliche Stab.

Bedeutung für den Hundehalter

Als Hundebesitzer und Führungspersönlichkeit in Ihrer zwei- und vierbeinigen Familie müssen Sie Ihren Hund nicht ständig und andauernd „anführen", um von ihm anerkannt zu werden. Das heißt, dass der Hund auf dem Spaziergang vorne oder hinten laufen kann, ganz wie er Lust hat (und Sie ihn im Auge haben). Sie müssen ihn nicht zwingen, ständig hinter Ihnen zu laufen, damit er Sie als Chef respektiert. Daraus ergibt sich logischerweise auch, dass Sie zu Hause nicht immer als Erster durch die Tür hinaus- oder in den Garten gehen müssen, um eine Führungspersönlichkeit darzustellen.

Wir empfehlen aber, gerade mit ganz jungen Hunden gezielt dort spazieren zu gehen, wo es viele Weggabelungen gibt. Dort verhalten Sie sich dann bewusst *anders* als Ihr Vierbeiner. Läuft er munter vornweg und nach rechts, dann gehen Sie völlig entspannt und ohne ein Wort in die andere Richtung. Der Kleine, der den Anschluss verliert, wird schnell umdrehen und Ihnen nachflitzen. So orientiert er sich automatisch an Ihnen.

Behauptet wird ...

... Alle anderen machen immer, was der Alpha will.

Fakt ist ...

... Eine Wolfsfamilie ist eine soziale Gruppe, in der jeder Einzelne entsprechend seiner Fähigkeiten Aufgaben übernimmt. So gibt es die Babysitter, die Fährtensucher, die Spurenleger oder die Treiber bei der Jagd. Sie bekommen ihre Aufgabe nicht von den Leitwölfen zugewiesen, sondern sie greifen automatisch dort ein, wo sie gebraucht werden. Dabei orientieren sich die einzelnen Familienmitglieder am Vorbild der Leittiere, die sie entspannt schalten und walten lassen.

Dieses Bild ändert sich jedoch, wenn eine Situation gefährlich oder ungewiss wird und ein Entscheidungsträger gebraucht wird. Dann sind die Leittiere diejenigen, die wissen, wo es langgeht, und die anderen folgen im Vertrauen auf die Erfahrung der Eltern.

Bedeutung für den Hundehalter

Sie haben es grundsätzlich nicht nötig, ständig mit Ihrem Hund zu kommunizieren und ihn zu bespaßen, und Bello muss auch nicht immer alles machen, was Sie, der Elternteil, wollen. Gerade Junghunde, die eine natürliche Erkundungsfreude haben, müssen auch manchmal etwas selbstständig erforschen dürfen. Dabei müssen Sie nicht den Boss herauskehren. Vielmehr können die Kleinen eigenständig ihre Umwelt erkunden und dabei auch aus ihren Fehlern lernen.

Hierzu ein Beispiel: Bei einem gemeinsamen Spaziergang entfernt sich Ihr Hund ein paar Meter und findet im Gras eine Kröte, die er sich schnappen will. Die Kröte sondert einen ekligen Schleim ab, und Ihr Hund stellt schnell fest, dass man Kröten in Zukunft besser in Ruhe lässt. Sie gehen entspannt weiter und Bello macht beim nächsten Mal um Kröten einen großen Bogen. Er hat seine eigene Erfahrung gemacht, ohne dass Sie zu ihm gerannt sind und ihm verboten haben, nach dem Tier zu schnappen.

Eigenständiges Lernen am Objekt führt letztlich zu einer Art „technischen" Intelligenz, jegliches Begreifen spezifischer Umweltreize zu emotionaler Intelligenz.

Behauptet wird ...

... Der Rudelführer ist immer männlich.

Fakt ist ...

... Das Leittier muss nicht unbedingt männlich sein. Im Gegenteil – oftmals sind es die Weibchen, die eine Gruppe anführen. Immer wieder können wir beobachten, dass beim Treffen von Entscheidungen sich nicht nur die Jungtiere einer Gruppe an der Leitwölfin orientieren, sondern auch der Gatte.

Bedeutung für den Hundehalter

Was die „Führungsposition" in der Beziehung Mensch-Hund betrifft, so ist es dem Hund völlig egal, ob er ein Herrchen oder ein Frauchen als Besitzer hat. Wichtig ist, dass er sich an Ihnen als Vorbild orientieren kann, und dass er Ihnen vertraut. Bleiben Sie mit Konsequenz absolut verlässlich, weil einschätzbar, für ihn.

Behauptet wird ...

... Wenn der stärkste Wolf nicht Alpha werden kann, wird er automatisch zum Beta. Dieser klassische Vizechef hat immer die ewig zweite Position inne.

Weil er sich jedoch auch nicht traut, die ranghohen Leittiere ständig herauszufordern, ist er darüber so frustriert, dass er als vermeintlicher Ordnungshüter alle Rangniederen verprügelt. Darum ist er beim Rudel sehr unbeliebt.

Fakt ist ...

... Einen klassischen „Betawolf", wie wir ihn aus Gehegesituationen kennen, gibt es in der Freiheit nicht. Wenn sich jedoch bei der anstrengenden Kindererziehung die Eltern einmal eine Auszeit nehmen, kann es durchaus vorkommen, dass sich sogenannte „Betas" um den Nachwuchs kümmern, mit ihm spielen oder Ausflüge machen. Dass die Kleinen dem Welpenaufseher gegenüber Unterwürfigkeit zeigen, hat nichts damit zu tun, dass sie ihn nicht mögen oder vor Ehrfurcht erstarren, sondern dass sie seine natürliche Autorität anerkennen. Eine solche Autorität entsteht mit dem Alter. Welpen respektieren die Erwachsenen.

Bedeutung für den Hundehalter

Eine „Beta-Situation" haben Sie natürlich nicht, wenn Sie alleine mit dem Hund zusammenleben, sondern wenn Sie mehrere Hunde halten.

Sehr beliebt ist in Hundekreisen die Theorie, dass man bei mehreren Hunden immer den ranghöchsten unterstützen soll. Davor warnen wir aber, weil es ausgesprochen schwierig ist, bei mehreren Hunden eine soziale Rangordnung genau zu definieren, ebenso wer denn jetzt der Beta ist.

Hierzu ein Beispiel: Sie haben zwei Hunde, einen Beagle und einen Riesenschnauzer. Ist jetzt der Beagle, der gerne sein Futter verteidigt, der Beta oder ist es der Riesenschnauzer, der den Staubsaugervertreter von der Tür scheucht? Einzelne Situationen können nichts darüber aussagen, wer Beta oder wer Alpha ist.

Keiner von den beiden Hunden im Beispiel ist klar Alpha oder Beta. Um das herauszufinden, muss man genauer hinschauen. In den meisten Fällen muss sich a) ein Tier klar gegenüber dem anderen durchsetzen und b) muss der sogenannte Beta die regelmäßigen Freiraumbegrenzungen durch den Alpha akzeptieren. Dann ist das Verhältnis geklärt, und wir können als Mensch den viel gerühmten Alpha unterstützen und der Beta findet sich trotzdem mit seiner Stellung ab.

Kommt ein neuer, junger Hund als Zweithund zu einem alten Hund hinzu, gibt es ein paar Grundregeln: Ist der Althund ein gebrechlicher „Rentner", haben Sie selbstverständlich die Pflicht, ihn beispielsweise mit einer klaren Ansage an den Kleinen („Lass ihn in Ruhe") zu schützen. Haben Sie einen selbstsicheren Althund, und akzeptiert der neue Hund von diesem bewegungseinschränkende Maßnahmen, dann können Sie den Althund darin unterstützen. Akzeptiert der Neue allerdings nicht die Maßnahmen des Althundes, dann ist es wiederum Ihre Aufgabe, die Situation zu regeln.

Behauptet wird …

… Wölfe leben in strikt hierarchischen Sozialstrukturen und jeder Wolf im Rudel, egal ob männlich oder weiblich, hat nur ein Ziel: Er will Alpha werden. Darum versucht jedes Gruppenmitglied, sich auf der Hierarchieleiter hochzuarbeiten. Deshalb kommt es besonders während der Paarungszeit oft zu Ernstkämpfen, in deren Verlauf geklärt wird, wer sich am Ende verpaaren darf und wer den kürzeren zieht.

Nachdem Hunde gut sozialisiert wurden und ein gewisser Grundgehorsam wie beispielsweise „Platz" und „Bleib" vorhanden ist, sollten sie am gemeinsamen Leben teilnehmen dürfen. Hier: Ein Besuch in einem Buchgeschäft oder Eiscafé.

Fakt ist ...

... Ernstkämpfe um die Leitposition kommen bei frei lebenden Wölfen extrem selten vor. Der überwiegende Teil des ein- bis dreijährigen Nachwuchses verlässt entweder die Eltern und gründet eine eigene Familie, oder die Gruppe teilt sich in verschiedene, eigenständige Teile auf. Außerdem ist in diesem Alter ein Jungtier auch noch kein Fortpflanzungsrivale für die anderen Gruppenmitglieder. Hin und wieder verbleibt ein kesser Erwachsener tatsächlich zu Hause, wird aber in der Regel von gestandenen Eltern in die Schranken verwiesen oder sogar letztlich doch fortgeschickt.

Bedeutung für den Hundehalter

Eine Wolfsfamilie ist nicht vergleichbar mit der Gemeinschaft von Menschen, die mit mehreren Hunden zusammenleben, weil bei Letzteren Hunde unterschiedlichen Alters und verschiedener Herkunft zusammen im Haus leben. Entscheidend ist die Konstellation der Gruppe, also das Alter, welche Typen es sind, ob sie kastriert sind oder nicht. Wenn nicht, gibt es Probleme, wenn eine Hündin läufig wird und die Rüden versuchen, sich mit ihr zu verpaaren. In diesem Fall haben Sie als Hundehalter ein großes Päckchen zu tragen, und Ihnen bleibt eigentlich nur die Lösung, die Hündin während der Läufigkeit wegzusperren, sofern Sie keinen Nachwuchs haben wollen. Eine derartige Situation ist hoch kompliziert und dazu noch sehr nervig. An ihr sieht man einmal mehr, dass die Ranghöheren mehr Stress haben als die Rangniederen.

Wir können in solchen Fällen keinen pauschalen Tipp geben, weil jede Situation individuell gesehen werden muss. Wir möchten jedoch auch darauf hinweisen, dass unsere vorherigen Empfehlungen auf keinen Fall als unterschwelliger Rat zur Kastration verstanden werden sollen.

Beispiele von frei lebenden Wölfen

Banff: Der große Bruder passt auf

Wolfseltern nehmen sich zwischenzeitlich gern einmal eine Auszeit. Kindererziehung ist schließlich ganz schön anstrengend und verbraucht Unmengen an Energie. Da ist es beruhigend zu wissen, dass besonders die Zweijährigen einer Wolfsfamilie in der Lage sind, in Abwesenheit der Alten auf die Kleinen aufzupassen. Im Dezember 2007 konnten wir beobachten, wie sich die Leittiere Delinda und Nanuk in Richtung Waldrand verabschiedeten. Hier fanden sie ein gemütliches Plätzchen und rollten sich zum Schlafen ein. Die sechs Jungtiere, die zu diesem Zeitpunkt acht Monate alt waren, tobten auf einer Wiese herum und wurden von ihrem eineinvierteljährigen Bruder Lakota unterhalten. Lakota bedeutet im Indianischen „Großer Bruder". Dieser Name passte zu dem Wolf, der die Schnösel in eine spezielle Futtertaktik einweisen wollte. Nach ungefähr einer halben Stunde unbeschwerten Spielens machte sich die ganze Gruppe (mit Ausnahme der Eltern) auf zum Bow-Fluss. Lakota führte die Truppe an. Am Flussufer erkundeten sie die nähere Umgebung, buddelten hier und schnüffelten dort. Nur Lakota handelte zielgerichtet. Er wusste genau, was er als Nächstes beabsichtigte.

Nach einigen Minuten geleitete er die Jungschar zum Eisenbahngleis, wo regelmäßig Kadaver zu finden sind, die den Zusammenstoß mit dem gefährlichen metallenen Raubtier nicht überlebt haben. Auch diesmal gab es Beute: Ein großer Hirschbulle war überfahren worden. Lakota witterte kurz zur Orientierung. Dann sah er eine riesige Rabenhorde, die schon aufgeregt nach den Wölfen schrie. Wenn Raben keine Möglichkeit haben, die dicke Haut eines Beutetieres selbstständig zu öffnen, scheinen sie eine Art Frustrationsschrei auszustoßen. Den kennt jeder erwachsene Wolf ganz genau. So auch Lakota. Der lief direkt in Richtung Kadaver. Auf diese Art und Weise zeigte er auch dem Nachwuchs die Futterquelle. Doch plötzlich näherte sich eine Eisenbahn. Der Wolf brachte den Jungen bei, dass sie beim Herannahen der Bahn schnell die Gleise verlassen müssen. Normalerweise gehörte diese Lektion zu den Aufgaben der Eltern. Aber wenn diese, so wie jetzt, eine Auszeit haben, übernimmt der große Bruder diese Aufgabe und bringt den Kleinen alles bei, was sie sonst noch wissen

Auch Vertreter verschiedener Rassen können einträchtig zusammenleben, wobei die älteren Tiere mitunter gerne in die Rolle des „großen Bruders" schlüpfen.

müssen. Die meisten Jungwölfe lernen sehr schnell, ihre erwachsenen Vorbilder ganz genau zu beobachten und deren Verhaltensweisen nachzuahmen. Dennoch gibt es immer wieder egoistische Schnösel, die alles besser wissen, und die so unnötig in Gefahr geraten.

An diesem Morgen ging alles glatt. Der Wolf verließ das Bahngleis und die ganze Bande folgte ihm. Es bestand ein enges Verhältnis zwischen Lakota und seinen jüngeren Geschwistern. Für seine kleine Schwester Mickey schien er ein besonderes Faible zu haben. Mit ihr spielte er am häufigsten und schlief auch immer in engem Körperkontakt zu ihr. Lakota kehrte nie den Boss heraus, wenn die Eltern nicht da waren, sondern versuchte stets, ihnen etwas Neues beizubringen. Statt sie unterzubuttern oder gar nach angeblicher „Betawolf-Manier" zwecks Statusbekundung zu verprügeln, zeigte er viel soziales Verständnis. Besonders gern spielte er mit ihnen auf der Wiese, am liebsten Rennspiele. Der große Bruder sorgte stets für eine entspannte, lockere Atmosphäre und förderte so den Zusammenhalt in der Familie.

Yellowstone: Man muss nicht immer der Boss sein

Dass man zwar Führungsqualitäten haben kann, aber nicht unbedingt der Chef sein muss, zeigt die Geschichte von einem der bekanntesten Yellowstone-Wölfe: Wolf Nr. 302M, dem Druid-Casanova.

302 war der ungekrönte Star von Yellowstone. Er verdankte seine Berühmtheit seinem Charme und der Tatsache, dass schon einige Filme von National Geographic über sein Leben gedreht wurden. Nie hatte er Ambi-

tionen auf die Chefetage, auch wenn sich mehrmals die Gelegenheit dazu ergab. Als Casanova während der Paarungszeit im Februar 2003 im Lamar Valley auftauchte, gelang es ihm, sich über die Töchter in die Druid-Familie einzuschleimen. Dabei ließ er seinen Charme bei den Damen der Familie spielen und versuchte gleichzeitig, jede Konfrontation mit den Eltern zu vermeiden. Als der große Leitwolf der Druids, Nr. 21M, im Juli 2004 starb, gingen wir davon aus, dass nun 302 als nächstältester Rüde die frei gewordene Leitposition übernehmen würde. Er überließ sie jedoch seinem jüngeren Bruder, 480M, ebenfalls einem Zuwanderer, der bis heute Familienoberhaupt ist. Casanova schien der „Machtverlust" nichts auszumachen. Er war viel zu sehr mit anderen Dingen beschäftigt. Stets optimistisch und gut gelaunt machte er sich auf die Wanderschaft, sobald die Paarungszeit nahte, und verteilte seine Gene großzügig unter den benachbarten Wolfsfamilien. Nach seinen amourösen Ausflügen kehrte er immer wieder zurück in den Schoß der Familie. Im Herzen ein „Lover" und nicht ein Kämpfer war Casanova dennoch stets da, wenn er gebraucht wurde. Ob es nun darum ging, fremde Wölfe aus dem Revier zu vertreiben oder bei der Jagd und bei der Aufzucht der Kleinen zu helfen – wenn es schwierig wurde, konnte sich die Familie auf ihn verlassen. Wenn Not am Wolf war, schoss er herbei wie die Kavallerie und half, wo er nur konnte. Niemals machte er auch nur den Ansatz, die Führungsrolle zu übernehmen.

Dann aber, im reifen Wolfsalter von acht Jahren, sorgte Casanova für eine weitere Überraschung. Er machte sich noch einmal

Von Ausnahmen abgesehen, leben Wölfe eher monogam. Das scheint bei Haushunden meistens nicht der Fall zu sein. Ist die Gelegenheit günstig, paaren sich Rüden mit Fremdhündinnen, auch wenn sie Zuhause permanent mit einem Weibchen zusammenleben.

auf die Wanderschaft zu seinem Geburtsort und früheren Heimatrevier. Nur nahm er diesmal fünf seiner Neffen mit und sammelte bei der benachbarten Agate-Familie auch gleich noch fünf Weibchen ein. Plötzlich hatte der Wolf, der nie ein Leitwolf sein wollte, eine eigene elfköpfige Familie. Bis zu seinem Tod im Oktober 2009 machte er

seine Sache gut – von den üblichen Liebesausflügen während der Paarungszeit einmal abgesehen. 302 war der Vater vieler Wolfskinder in Yellowstone. In seinem letzten Lebensjahr hatte er zum ersten Mal eigene Welpen in seiner eigenen Familie. Die Kleinen sind schon jetzt das Ebenbild des Papas: schwarz, groß und selbstständig.

WOLF, MENSCH UND HUND SIND SOZIAL

We are family – Gemeinschaft macht stark

Behauptet wird ...

... Alphamännchen dominieren immer die Alphaweibchen, die sich ihnen gegenüber grundsätzlich unterwürfig verhalten.

Fakt ist ...

... Im Gegensatz zu den meisten Affengruppen, in denen eine hierarchische Ordnung herrscht, sind Wölfe familienorientiert und leben in einer Art klassischen Großfamilie. Die Wolfseltern haben ein ausgeprägtes Pflichtbewusstsein, was ihre soziale Kompetenz besonders unterstreicht. Sie sind das Vorbild für die Jungtiere, die begeistert beobachten und langsam lernen, durch ritualisierte Kommunikationsabläufe erwachsen zu werden. Bei frei lebenden Wölfen gibt es jede Menge Dominanzbeziehungen zwischen Weibchen und Rüden. So gibt es auch Wölfinnen, die Rüden „verprügeln" und umgekehrt. Dieses Verhalten ist übrigens kanidentypisch und kommt bei Afrikanischen Wildhunden ebenso vor wie bei Asiatischen Rothunden.

Bedeutung für den Hundehalter

Alle Mitglieder der Hundehalter-Familie müssen genau wie Leitwölfe als „Ersatzeltern" gegenüber ihrem Nachwuchs zusammenhalten und als Einheit auftreten. Daraus ergibt sich, dass nicht der eine dem Hund etwas verbietet und der andere es erlaubt. Unsere Vierbeiner verstehen es ausgezeichnet, ihre Menschen auszutricksen. Und wenn es schon bei den „Eltern" nicht klappt, probiert man es eben bei

Viele Menschen füttern ihre Hunde am Tisch während der Mahlzeiten, was oft dazu führt, dass die Vierbeiner dann ständig betteln. Es ist dem Hundehalter selbst überlassen, wie er damit umgeht. Aber man sollte konsequent sein. Entweder, der Hund darf gar nicht in die Küche gehen, wird in einen Korb oder auf eine Decke verwiesen und ein Betteln ist nicht erlaubt. Dann müssen sich alle Familienmitglieder an diese Regel halten. Oder, der Hund bekommt etwas vom Tisch, nach dem Motto „Das stört mich nicht.". Aber nicht heute „Ja" und morgen „Nein".

„Oma und Opa". Besonders gut kann der Hund das Fach „Menschenmanipulation" üben, wenn tierlieber Besuch im Haus ist. Dann gelten meist andere Regeln. Die Hundebesitzer sind gehemmt und wollen nicht allzu „hart" erscheinen – weder dem Hund noch dem Besuch gegenüber. Das wird von Bello gnadenlos ausgenutzt und er versucht seinen Egoismus in dieser Situation bewusst durchzusetzen. „Ach, ein kleines Stückchen Kuchen darf er doch haben, oder?" Und so übt sich Bello flink im Beobachtungslernen. Jeder Hund schaut sich genau an, wie wir Menschen uns verhalten, und zieht daraus seine Schlüsse.

Sie kennen in dieser Situation Ihre Aufgabe: „Mein Haus, meine Regeln!" Bitten Sie Ihren Besuch eindringlich, Sie bei der Erziehung zu unterstützen, indem er bettelnden Hundeaugen widersteht.

Behauptet wird …

… Die Alphawölfe sind immer souverän und abgeklärt, sind immer cool und machen nie Fehler.

Fakt ist …

… Wölfe kommen immer wieder in gefährliche Lebenslagen. Dabei sind sie selbst manchmal oft überrascht von der Situation oder auch überfordert. Sie wissen dann nicht sofort, was sie genau machen sollen. Ebenso können sie durchaus auch einmal

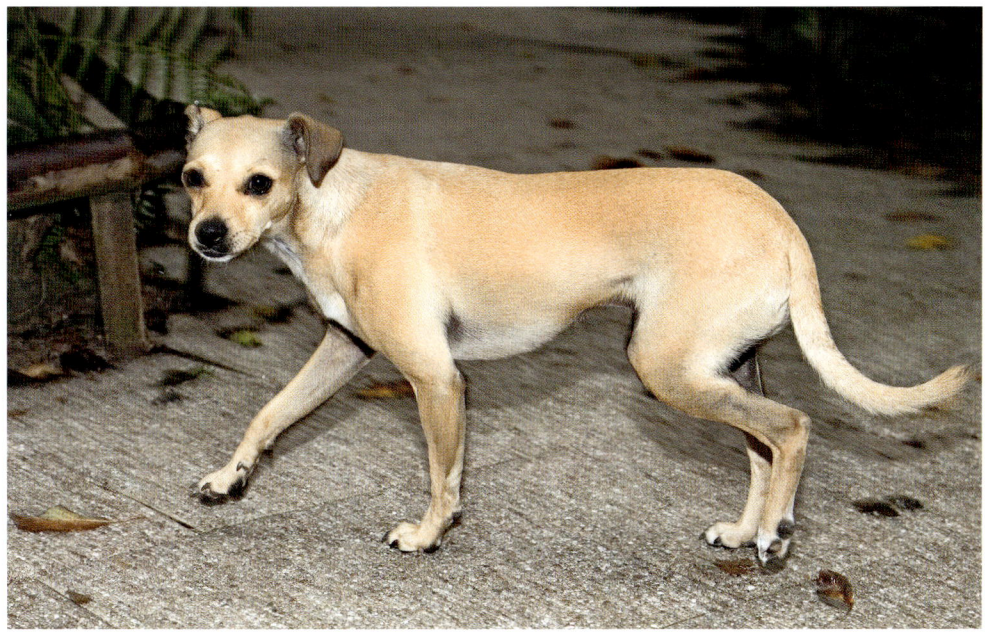

Dieser Hund drückt körpersprachliche Verunsicherung aus. Auch wenn Sie selbst einmal gelegentlich unsicher sind, so müssen Sie gerade bei einem unsicheren Hund darauf achten, dass Ihre eigene Körpersprache dem Tier Sicherheit vermittelt. Wenn Sie den Hund im Stich lassen, weil er das alles selbst regeln soll, irritiert ihn das und lässt sein Vertrauen in Sie schwinden. Sie mögen nicht perfekt sein, aber gerade bei einem unsicheren Hund müssen Sie wenigstens versuchen, so ruhig und besonnen wie möglich aufzutreten.

unsicher reagieren. Dies schadet ihrem Ansehen in der Gruppe nicht, vielmehr ist es ein lehrreiches Ereignis, bei dem die Schnösel zum Beispiel auch lernen, wann es klüger ist, einmal die Pfoten in die Hand zu nehmen und zu flüchten!

Bedeutung für den Hundehalter

Auch wenn Wolfseltern hin und wieder den Kleinen gegenüber unsicher auftreten, bleiben sie dennoch authentisch. Als Hundehalter dürfen Sie kleine Fehler machen, aber Sie müssen trotzdem einschätzbar und berechenbar für das Tier sein. Wie bei Wolfseltern müssen wir Menschen erst einmal eine Vertrauensbeziehungen aufbauen, bevor wir uns Gedanken über die Erziehung machen. (Erst die BE-ziehung, dann die ER-ziehung.)
Wölfe treffen viele Entscheidungen aus dem Bauch heraus. Darum sollte auch ein Hundehalter über eine gute Mischung aus gesundem Menschenverstand und dem richtigen Bauchgefühl verfügen.

Behauptet wird ...

... Verletzte Familienmitglieder werden sich selbst überlassen und verhungern. Sie sind zu nichts mehr nütze.

Fakt ist ...

... Jede Kanidenfamilie ist eine Gemeinschaft, die verletzte Mitglieder so lange sozial unterstützt oder ihnen Nahrung bringt, bis sie wieder gesund sind. Diese soziale Unterstützung drückt sich beispielsweise dadurch aus, dass sich Wölfe verletzten Familienmitgliedern annähern und bewusst Körperkontakt suchen, um ihnen in ihrem Schmerz und ihrer Verunsicherung eine Stütze zu sein. Alle Familienmitglieder beteiligen sich daran, dem Verletzten Nahrung zu bringen. Sie gehen auf Beutefang und bringen dem zurückgelassenen Tier Futter mit und füttern es damit. Ganz schwachen Tieren wird das Futter sogar vorgewürgt wie einem Welpen. An der sozialen und moralischen Unterstützung innerhalb einer Wolfsfamilie könnte sich manche Menschenfamilie ein Beispiel nehmen.

Bedeutung für den Hundehalter

Es sollte selbstverständlich sein, dass wir als Menschen die Pflicht haben, uns um unsere kranken und verletzten Hunde zu kümmern und sie im Alter nicht einfach abzuschieben oder im Stich zu lassen. Wer dazu nicht in der Lage ist, hat nicht nur als Hundehalter, sondern auch als Mensch versagt.

Behauptet wird ...

... Alle Wölfe verhalten sich gleich. Kennt man einen, kennt man alle.

Fakt ist ...

... Kein Wolf gleicht dem anderen. Jedes Familienmitglied ist ein Individuum mit unverwechselbarem Charakter. In jeder Gruppe gibt es verschiedene Persönlichkeiten mit individuellen Aufgaben. Jedes Familienmitglied bringt seine unterschiedlichen Fähigkeiten zum Nutzen der ganzen Gruppe ein.

Bei den Familien übernehmen häufig die Geschwister schon wichtige Aufgaben. Überlebt einmal ein Wurf Welpen nicht, fehlen diese Wolfsgeschwister im nächsten Jahr als Helfer bei der Aufzucht.

Bedeutung für den Hundehalter

Kein Individuum auf diesem Planeten ist wie das andere. Jeder Mensch nimmt für sich in Anspruch, ein Individualist zu sein; das Gleiche gilt für den Hund.

Sie sollten daher wissen, dass es kein einheitliches Erziehungssystem gibt und auch eine „patentierte" Erziehungsmethode mit eingetragenem Warenzeichen keine allgemeingültige Pauschallösung bieten kann. Es gibt nur individuelle Erziehungsziele. Jeder Hund ist anders, ebenso wie jeder Mensch und jede Situation. Insbesondere Ersthundebesitzer sind oftmals überfordert bei dem Bemühen, alles „richtig" zu machen. Sie hoffen auf Hilfe und Ratschläge, die auch einem gänzlich Unerfahrenen verständlich und logisch erscheinen. Wenn Ihnen nun beispielsweise erzählt wird, Ihr Welpe dürfe nicht mit anderen Hunden spielen, damit er sich enger an Sie anschließt, sollte dies bei Ihnen schon einen schreienden Protest hervorrufen und ein instinktives Gefühl von „Das kann doch nicht stimmen" – selbst wenn Sie bisher noch nie einen eigenen Hund hatten. Wir raten Ihnen darum, bei der Erziehung Ihres Hundes eine Kombination aus Verstand und Bauchgefühl walten

zu lassen, anstatt Ihre Erziehungsmethoden nach irgendwelchen aktuellen Verhaltens-Modetrends zu richten.

Behauptet wird …

… Wölfe leben in Höhlen, und zwar nur die Alphas. Die Rangniederen dürfen die Höhle nicht betreten.

Fakt ist …

… In Höhlen oder Erdbauten lebt nur die Wolfsmutter mit ihren bis zu vier Wochen alten Welpen. Gibt es in einer Familie Mehrfachgeburten, gräbt sich meist jede dieser Wolfsmütter eine eigene Höhle, was jedoch nicht heißen muss, dass sie mit ihrem Nachwuchs auch in dieser Höhle bleibt. Oft ziehen die Mütter einer Familie den Nachwuchs zusammen groß und wechseln sich bei der Betreuung der Kleinen ab. Der Wolfsvater und alle anderen Familienmitglieder halten in der ersten Zeit respektvollen Abstand zum Kinderzimmer. Nur die Babysitter dürfen gelegentlich die Höhle betreten. Ab dem vierten Lebensmonat der Welpen zieht die ganze Familie ins Rendezvousgebiet um, was dem Wohnzimmer der Wölfe entspricht (siehe S. 69).

Bedeutung für den Hundehalter

Menschen und Hunde leben im Haus zusammen, was mit der Wolfswelt schwierig zu vergleichen ist. Wenn eine Hündin im Haus Junge bekommt, ist normalerweise der Vater der Welpen nicht dabei.

Diese Hundemutter fühlt sich mit ihren Welpen in der Wurfkiste sicher, im Gegensatz zu frei lebenden Wölfen, die an ihrer Geburtshöhle durchaus mit Bären, Pumas oder anderen gefährlichen Tieren rechnen müssen. Als Hundehalter können Sie Ihrem Tier bei der Aufzucht seiner Jungen durch bloße Anwesenheit beistehen und ihm so soziale Nähe vermitteln.

Wir haben als Mensch eine andere Funktion. Wenn wir ein normales, nicht gestörtes Verhältnis zu der Hündin haben, duldet sie uns auch in ihrer „Höhle" (Wurfkiste in der Wohnung). Dann ist es normal, dass die Hündin mit uns kooperiert, indem wir mit den Welpen Kontakt aufnehmen dürfen. Im Unterschied zum Wolf ist sie gern bereit, die Hilfe des Menschen, der sich um sie kümmert und ihr vieles erleichtert, anzunehmen. Die Aufgabe des Menschen ist es, dafür zu sorgen, dass die Hündin ihn als sorgsamen Unterstützer mit einbezieht. Wenn Sie Mehrhundehalter sind, kann es sein, dass eine besorgte Hundemutter ande-

re Rüden oder Weibchen nicht in der Nähe der Wurfkiste duldet. Sie darf ihren Unmut auch zum Ausdruck bringen. Auf der anderen Seite gibt es aber auch Hündinnen, die toleranter mit anderen Hunden sind. In Ausnahmefällen kann es sogar sein, dass der Rüde mit „Geschenken" zur Wurfkiste kommen darf. Grundsätzlich sollte man auf Besuch von Fremdhunden möglichst verzichten, wenn eine Hündin Nachwuchs aufzieht, um unnötigen Sozialstress zu verhindern. Wenn es – aus welchen Gründen auch immer – nicht anders geht, müssen sich Hündin und Rüde auf neutralem Boden kennenlernen.

Behauptet wird …

… Weibchen und Rüden haben eine strikte, streng geteilte Rangordnung.

Fakt ist …

… In jeder Partnerschaft und jeder Familie gibt es Konfliktpotenzial zwischen männlichen und weiblichen Mitgliedern. Dies ist auch bei Wölfen so. Gibt es Ärger unter den Schnöseln, bedeutet das, dass die Eltern unmittelbar und geschlechterunabhängig reagieren und der Stänkerer eines „auf die Mütze" bekommt – und zwar sofort und ohne Diskussionen. Aber nicht nur die Eltern, sondern auch die anderen Erwachsenen der Familie können unabhängig vom Geschlecht die Bewegung eines Jungspunds einengen.

Bedeutung für den Hundehalter

Immer noch wird behauptet, dass Rüden keine Beziehung zu einer Frau aufbauen können, sondern nur zu einem männlichen Hundehalter und Hündinnen zu einem weiblichen. Dies stimmt schlichtweg nicht. In der Beziehung Mensch-Hund geht es nicht um Geschlechterbeziehungen, sondern in erster Linie um ein Vertrauensverhältnis. Darum können selbstverständlich auch Frauen mit einem Rüden eine gute Beziehung aufbauen und Männer mit einer Hündin. Viele Beispiele zeigen, dass bei unterschiedlichen Geschlechtern Mensch-Hund sogar die Bindung enger ist. Voraussetzung ist allerdings eine umsichtige Sozialisation.

Behauptet wird …

… Wölfe setzen auf schnelle Wechsel im Sozialsystem. Sie wechseln ständig ihre Lebenspartner.

Fakt ist …

… Unter normalen Lebensverhältnissen leben Leittiere jahrelang in monogamen Partnerschaften, solange nichts geschieht. Was natürlich nicht bedeutet, dass nicht auch gelegentlich ein flotter Aufreißer aus einem benachbarten Rudel einen Blick auf die heranwachsenden Töchter werfen kann und versuchen wird, sie abzuwerben. Meist haben jedoch die so bezirzten Tiere immer

In den letzten Jahren scheinen ganz besonders sogenannte „Handtaschenhunde" bei Frauen sehr beliebt zu sein.

noch eine sehr enge Bindung an die eigene Familie und sind im Konflikt, ob sie den Hormonen folgen und die Eltern verlassen, oder ob sie doch besser bleiben sollen. Die Eltern scheinen in solchen Augenblicken, wie alle Eltern dieser Welt, die Töchter zu fragen:

„Wer ist der Kerl? Wo kommt er her? Was hat er für einen Beruf? Was hat er denn überhaupt zu bieten?"

Bedeutung für den Hundehalter

Hunde sind Routinetiere. Feste soziale Gruppen geben ihnen Halt. Grundsätzlich wäre es daher ideal, wenn sie ihr Leben lang in der Familie bleiben, in die sie hineingeboren wurden beziehungsweise zu der sie als Welpe kamen. Ein ständiger Wechsel ist nicht beziehungsfördernd, denn die Partner müssen sich immer wieder neu orientieren. Auch für die Beziehung Hund–Mensch wäre es von Vorteil, wenn die Menschen zusammenbleiben, damit der Hund sich nicht immer wieder auf einen neuen Sozialpartner einstellen muss. Wolf wie Hund können mit dem Begriff „Lebensabschnittspartner" nichts anfangen.

Nun sind wir Menschen nicht perfekt und Trennungen oder Scheidungen kommen vor. Wer bekommt dann den Hund?

Die Entscheidung sollte vernünftigerweise für den Menschen fallen, bei dem sich der Vierbeiner am wohlsten fühlt, dessen Gewohnheiten, Eigenschaften und Stimmungen er genau kennt und bei dem die gewohnte Routine für den Hund im täglichen Geschehen am ehesten beibehalten werden kann.

Behauptet wird …

… Wenn einzelne Wölfe fortgehen, werden sie, wenn sie wieder ins Rudel zurückkommen, verprügelt.

Fakt ist …

… Wenn ein Wolf von einem Ausflug zurück zur Familie kommt, kündigt er dies oft durch Heulen an. Die Zurückgebliebenen erkennen den Rufer an seinem Heulen und wissen, dass es sich um ein Familienmitglied handelt.

Versucht ein Hund, nachdem er abgehauen ist, sich wieder „einzuschleimen", kann – auch wenn es schwerfällt – ein kurzfristiges Nichtbeachten und unaufgeregtes Weitergehen angebracht sein.

Die Eltern schenken den Heimkehrern kaum Beachtung, wohingegen die Geschwister aus dem sozialen Mittelfeld ihren Klärungsbedarf hin und wieder mit einer ordentlichen Tracht Prügel deutlich machen können.

Bedeutung für den Hundehalter

Ihr Hund ist abgehauen und kommt erst nach einer ganzen Weile wieder zurück. Was tun?
Völlig falsch wäre es, ihn jetzt zu maßregeln. Ebenso falsch wäre es, ihm voller Begeisterung und mit großem Brimborium Leckerlis reinzuschieben und ihn so auch noch extra zu motivieren.
Fazit: Bleiben Sie völlig gelassen und gehen Sie mit einem freundlichen „Na, da bist du ja" Ihres Weges. Unsichere Hunde kann man auch einmal kurz nach dem Zurückkommen von der Gruppe fortschicken, indem man den Eindruck vermittelt, dass sie nicht mehr zur Gruppe gehören. Das bewirkt mitunter wahre Wunder.

Behauptet wird ...

... Erwachsene Wölfe kümmern sich immer um die Welpen und lassen sie nie allein. Wenn Wolfseltern unterwegs sind, ist stets mindestens ein Babysitter bei den Kleinen.

Fakt ist ...

... Je nach der Zusammenstellung der Gruppen und insbesondere bei Familienneugründungen werden die Kleinen recht häufig an

Auch Hundeschnösel müssen lernen, das Alleinsein zu ertragen.

der Höhle allein gelassen, wenn die Elterntiere jagen müssen. Einsame Welpen heulen dann schon mal ganz jämmerlich, um die Spielgefährten zurückzurufen. Die Antwort kommt jedoch nicht immer sofort. So lernt schon Klein-Wölfchen, dass man auch einmal warten und Frust ertragen muss. Von jung an gelegentlich Frust ertragen zu lernen, gehört ebenso zur normalen Lebenserfahrung wie die soziale Nähe zu Gruppenmitgliedern.

Bedeutung für den Hundehalter

Natürlich können Sie nicht rund um die Uhr bei Ihrem Hund sein, so gerne Sie das auch möchten. Sie müssen auch einmal das Haus verlassen. Das wird dem Vierbeiner meist nicht gefallen. Wie ein Wolfswelpe muss auch ein Hund lernen, das Alleinsein zu ertragen. Dies können Sie schon mit dem

Welpen üben: Binden Sie ihn spontan hier und da einmal an einem sicheren Ort *kurze Zeit* an und gehen Sie aus seinem Blickfeld. Dabei lernt er, mit Frust umzugehen. Vielleicht ergibt er sich ruhig in sein Schicksal. Meist jedoch wird er reagieren: von verzweifeltem Weinen bis zu empörtem Geschrei. Auch wenn Sie am liebsten herbeifliegen und den verlassenen Kleinen in den Arm nehmen möchten – kümmern Sie sich nicht um ihn. Warten Sie, bis er einen Moment ruhig ist, und gehen Sie dann zu ihm, um ihn zu loben und zu befreien. Diese kleinen Frustmomente lehren ihn, dass nicht immer alles nach seinem Kopf geht, die Zeit des Alleinseins aber vorübergeht. Auch im Haus können Sie gelegentlich Bewegungseinengungen üben, indem Sie die Tür ab und zu für wenige Minuten hinter sich schließen. Die Zeit des Wegbleibens können Sie dann langsam immer weiter ausdehnen.

Behauptet wird …

… Ein neues Rudel entsteht nur, wenn einzelne Wölfe abwandern und sich mit fremden, ebenfalls abgewanderten Einzelwölfen zusammentun. So vermeiden die Wölfe Inzucht. In Wolfsrudeln gibt es keine Inzucht.

Fakt ist …

… Eine Wolfsfamilie besteht im Allgemeinen aus einem Elternpaar und seinem Nachwuchs. Manchmal gehören auch Tanten und Onkel sowie einzelne nicht verwandte Tiere dazu.

Wir wissen, dass sich neue Gruppen formen, indem einzelne geschlechtsreife Tiere abwandern und einen neuen, fremden Partner finden. Aber die Art und Weise, wie sich neue Gruppen bilden, ist sehr viel flexibler und hängt von vielen Faktoren wie Lebensraum, Nahrungsressourcen und anderem ab. Solange Wölfe die Wahl haben, einen nicht verwandten Partner zu finden, werden sie dies auf jeden Fall tun. Das ist jedoch manchmal nicht möglich. Dann kann es vorkommen, dass sie sich mit engen Verwandten paaren.

Wie wichtig das Thema „Inzucht" ist, und welche Bedeutung es für frei lebende Wölfe hat, zeigen wir anhand von zwei Beispielen aus unseren Freilandbeobachtungen.

Banff

Im August 2008 starb das Leitweibchen Delinda auf der Autobahn. Zurück blieb der alleinerziehende Vater Nanuk mit acht Kindern (zwei Erwachsene, der Rest Jährlinge). In der darauffolgenden Paarungszeit versuchte Nanuk mehrfach vergeblich, sich von der Gruppe abzusetzen und sich nach einer neuen Partnerin umzuschauen. In dieser Notsituation bot sich in der Hochranz Tochter Fluffy an. Normalerweise hätte er das ignoriert, aber wegen der besonderen Umstände verpaarten sich die beiden. Monatelang waren wir im Ungewissen, ob Nanuk auch wirklich der Vater der diesjährigen Welpen ist. Erst als es uns gelang, eine Kotprobe einzusammeln und zum DNA-Test ins Labor zu schicken, hatten wir die Gewissheit: Der Vater hatte sich mit der Tochter verpaart, was in den letzten 20 Jahren in Banff nachweislich noch nie vorgekommen ist.

Yellowstone

In Yellowstone, wo sehr viel Platz und Nahrung zur Verfügung stehen, gibt es immer wieder Mehrfachverpaarungen und Mehrfachgeburten. Die so entstandenen großen Familien teilen sich auf und wandern ab. 73 Prozent aller neuen Wolfsfamilien entstehen so. Wenn Einzeltiere abwandern und sich anderen Gruppen anschließen, sind es überwiegend verpaarungsfähige Rüden. Dies führte zu einem der extremsten Fälle von Mehrfachverpaarungen: Ein nicht verwandter Außenseiter (21M) schloss sich 1997 der Druid-Gruppe an und verpaarte sich mehrere Jahre lang mit verschiedenen Weibchen der Familie. Daraufhin wuchsen die Druids auf eine stattliche Zahl von 37 Wölfen an.

In den ersten zehn Jahren der Wiederansiedlung kam es (bei einer durchschnittlichen jährlichen Wolfszahl von 150 Tieren) nur zu drei Fällen von Inzucht: 1. Tante und Neffe, 2. Großvater und Enkelin und 3. Geschwister. In allen Fällen fehlten während der Hochranz andere, nicht verwandte Partner, sodass die Tiere keine andere Wahl hatten.

Seit der Rückkehr der Wölfe werden jedem Tier, das ein Radiohalsband erhält, DNA-Proben entnommen. Die Ergebnisse zeigen, dass die Wolfspopulation in Yellowstone genetisch rein ist und es kaum Inzucht gibt.

Ebenso wie Wolfswelpen, die eng aneinander geschmiegt zusammenliegen, zeigen auch Hundewelpen viel Körperkontakt.

Bedeutung für den Hundehalter

Der bekannte Genetiker Dr. Hellmuth Wachtel sagte einmal: „Würde Inzucht vermieden werden, gäbe es bei unseren Haushunden 15 Prozent weniger Degenerationserscheinungen."

Dem können wir nur zustimmen. So kritisieren wir beispielsweise Massenzwinger, in denen aus reiner Gewinnsucht ohne Sinn und Verstand verpaart wird, wodurch leicht kranke, geschwächte und verhaltensgestörte Tiere entstehen können.

Da Haushunde nicht abwandern können und ihr Paarungsverhalten durch den Menschen massiv manipuliert wird, sollte zumindest eine Hündin, die zum Decken eingesetzt wird, selbst entscheiden können, ob sie den vorgestellten Rüden mag oder nicht. Wenn sie ihn nicht will, auch wenn es der beste Champion ist, muss der Mensch das akzeptieren. Wir sind Gegner von Zwangsverpaarungen. Manchmal müssen wir Menschen zurückstehen und den Hündinnen das instinktive Wissen zutrauen, den richtigen Paarungspartner für sich zu wählen.

Beispiele von frei lebenden Wölfen

Banff: Sozialer Pflegedienst

Wölfe gelten zu Unrecht als emotionslose Killermaschinen, die nur ihre eigenen Interessen verfolgen und nichts anderes im Kopf haben, als ihren individuellen Rangstatus zu verbessern. Die „Karriereleiter" Stufe um Stufe hochzuklettern, ist insbesondere dann von wenig Interesse, wenn es einem Familienmitglied augenscheinlich schlecht geht.

In einem solchen Fall lässt man Tiere mit Handicap nicht einfach im Stich. Man zeigt Mitgefühl und kümmert sich geradezu aufopferungsvoll um sie. Dass kranke und verletzte Familienmitglieder uneigennützig gepflegt werden, beobachten wir in Banff seit vielen Jahren. Sowohl Yukon im Sommer 2001, als auch Hope im Frühjahr 2002 oder Chinooks stark verletzte Schwester im Herbst 2006 – auf sie alle wurde Rücksicht genommen, wenn es ihnen nicht gut ging. Ist ein Wolf zum Beispiel leicht verletzt, nimmt aber noch grundsätzlich an gemeinsamen Revierausflügen teil, legen die Leittiere während der Wanderungen bewusst lange Ruhepausen ein, bis das langsamere Gruppenmitglied aufgeschlossen und sich erholt hat. Sieht es richtig böse aus, wird ein regelrechter Nahrungstransport organisiert, an dem sich Eltern und Geschwister gleichermaßen beteiligen. Hier nur ein konkretes Beispiel von vielen: Nachdem Yukon im Juni 2002 auf der Autobahn angefahren und schwer verletzt wurde, blieb seine Mutter Aster zweieinhalb Monate lang ununterbrochen an seiner Seite und beteiligte sich in dieser Zeit nicht mehr an der gemeinsamen Jagd. Vater Storm und Schwester Nisha liefen sogar mehrmals wöchentlich bis zu 25 km zu einem bestimmten Gebiet, wo sie einfach und effektiv Hasen erbeuten konnten. Dorthin zu laufen, war für sie einfacher, als zu versuchen, ein großes Beutetier zu reißen. Hirsche, vor allem aber Elche, sind extrem wehrhafte Tiere. Ein unbedachter Angriff auf sie kann zu schweren Verletzungen führen.

So konzentrierten sich Storm und Nisha lieber auf einfache Beute. Hatten sie einen Hasen, eine Ente oder ein Erdhörnchen erwischt, brachten sie nicht nur Yukon Futter, sondern versorgten auch seine Mutter. So ging das wochenlang. Storm, der Hauptinitiator der gemeinsamen Jagdstreifzüge, sah nach all den Mühen aus wie ein Strich in der Landschaft. Aber aufzugeben, seinen Sohn Yukon und seine lange Lebenspartnerin nicht weiter zu versorgen, das kam für den Leitrüden nicht infrage. Auch Nisha mühte sich ab und schleppte unermüdlich diverse „Nahrungspakete" in Richtung Rendezvousplatz. Nach Wochen harter Arbeit hatte es die gesamte Bowtal-Familie tatsächlich geschafft. Yukon hatte sich erholt. Einige Tage humpelte er noch leicht, konnte jedoch schon wieder mehrere Kilometer am Stück laufen. Mutter Aster schien die Erleichterung ins Gesicht geschrieben zu sein. Füreinander einstehen, sich gegenseitig unterstützen, wenn es einmal eng wird, Zusammenhalt unter Beweis stellen – all das ist absolut wolfstypisch. Irgendwie menschelt es doch sehr in so einem vierbeinigen Familienverband ...

Yellowstone: Die Rolle der Geschwister

In einer Wolfsfamilie ist die Rolle der Geschwister besonders bei der Aufzucht der Welpen enorm wichtig. Sie entlasten die gestressten Eltern und helfen als Babysitter aus, wenn das Rudel auf der Jagd ist. Machen die Kleinen ihre ersten Ausflüge alleine, agieren die nur ein Jahr älteren Geschwister oft wie besorgte Übermütter und tragen die Minis unentwegt wieder zur Höhle zurück, wenn sie sich nur ein paar Meter weit entfernen. Mit Engelsgeduld ertragen sie es, wenn die Welpen sie als Rutschbahn oder Klettergerüst missbrauchen, und halten sogar still, wenn sie bei ihnen nach dem

„Milchschalter" suchen. Sie würgen ihnen mitgebrachtes Fleisch hervor und machen unendlich lang Zerrspiele mit ihnen. Für die Jährlinge ist es eine große Sache, wenn sie den Kleinen Futter bringen dürfen, fast so, als ob sie für ihre Hilfe die Anerkennung der Eltern suchten.

Manchmal kann der Job als Babysitter auch zu viel werden, so wie im Frühsommer des Jahres 2008. 15 Druid-Welpen hatten beschlossen, die Abwesenheit der Eltern zu nutzen und einen Abenteuerausflug zum Fluss zu machen. Die kleine Gruppe purzelte den Berg hinunter, an dem ihre Höhle lag, überquerte eine stark befahrene Straße und rannte zum Fluss, der um diese Jahreszeit reichlich Strömung hatte. Begleitet wurden sie von einer älteren Schwester, der man schon von Weitem ansah, wie überfordert sie war. Am Fluss, auf der anderen Uferseite wartete ein Onkel auf die kleine Prozession. Ausgerechnet der kleinste und zierlichste Welpe machte den ersten Sprung in den Fluss. Todesmutig und einem Olympia-springer gleich nahm er Anlauf, breitete seine kleinen Pfoten wie ein Flughund aus und klatschte auf das Wasser. Rasch wurde er abgetrieben und paddelte verzweifelt um sein Leben. Schwesterchen hechtete herbei, rannte am Ufer flussabwärts und stürzte sich wie ein Rettungsschwimmer von Baywatch in die Fluten. Während der Kleine auf sie zutrieb, stellte sich die junge Wölfin quer zur Strömung und verschaffte ihm so ein wenig Luft im Wasserstrudel, bis er genug Kraft hatte, selbst ans Ufer zu paddeln. Den nächsten Welpen, der schon unterwegs war, schnappte sie sich und trug ihn im Maul aus dem Wasser. Immer wieder eskortierte sie die Kleinen durch den Fluss,

Rendezvousgebiet – Wohnzimmer der Wölfe

Während der ersten acht Wochen ihres Lebens halten sich Wolfswelpen in oder in der Nähe ihrer Geburtshöhle auf. Ab der achten bis zur maximal zwanzigsten Woche verlegt die ganze Familie den Aufenthaltsort zu einem sogenannten „Rendezvous-Platz", einer Art „Base Camp" (Wolf, S. 76), vergleichbar etwa dem Wohnzimmer einer menschlichen Familie. Hier sind die Kleinen noch sicher und können versteckt werden, wenn die Familienmitglieder zur Jagd ausrücken müssen. Hierhin kommt die Jagdgesellschaft zurück und bringt den Schnöseln Futter mit. Und hier ist auch das Familienspielzimmer. Diese Phase endet, sobald die Kleinen erwachsen genug sind, um an längeren Wanderungen und insbesondere der Jagd teilzunehmen, also etwa im September oder Oktober, wenn die Wolfsjungen etwa ein halbes Jahr alt sind. Dann beginnt zwar eine Art Nomadenleben für die Wolfsfamilie, die allerdings im Winter in regelmäßigen Abständen immer wieder zum Rendezvous-Gebiet zurückkehrt.

stellte sich gegen die Strömung, schob, trug und assistierte. Der Onkel auf der anderen Flussseite empfing jeden Welpen persönlich und beglückwünschte ihn mit einem Maulwinkellecken zum bestandenen „Seepferdchen". Erst am Abend kehrten die kleinen Wölfe zusammen mit ihren Bodyguards zur Höhle zurück. Die ersten Schwimmversuche hatten sie dank der heldenhaften Hilfe der großen Schwester heil überstanden.

WOLF, MENSCH UND HUND SIND SOZIAL

Gute Gefühle, schlechte Gefühle

Behauptet wird …

… Kaniden fehlt das Bewusstsein, Emotionen zu empfinden.

Fakt ist …

… Auch wenn es in Teilen der Wissenschaft immer noch umstritten ist – wir sind uns darüber einig, dass Tiere Emotionen und Gefühle haben und ausdrücken. Diese Auffassung teilt auch die neue Generation von Verhaltensforschern wie Marc Bekoff, Paul Paquet und Dorit Feddersen-Petersen, die bestätigen, dass alle Tiere, die in einer Gruppe leben, sich in die Absichten und Stimmungen der anderen hineinversetzen und Empathie empfinden können.

Bedeutung für den Hundehalter

Menschen und Hunde haben seit Jahrtausenden eine gemeinsame evolutionsbiologische Geschichte. Dies betrifft laut dem weltweit bekannten Wissenschaftler Marc Bekoff nicht nur das Verhalten, sondern auch die Emotionen. Und diese Entwicklung geht immer weiter.
Hundehalter sollten darum im Umgang mit ihren Hunden den Emotionen freien Lauf lassen und ihre Gefühle zulassen. Vorsicht jedoch vor extremer Übertreibung als Dauerzustand. Ein emotional unstabiles Verhalten schadet dem Hund ebenso wie eine extreme Vermenschlichung. Wer glaubt, er müsse seinem Hund die Krallen lackieren und alle drei Wochen ein neues Mäntelchen kaufen, übertreibt maßlos und zeigt keinerlei Achtung vor der Gattung Hund.

Behauptet wird …

… Wölfe sind instinktgetriebene Killermaschinen. Ihr ganzes Verhalten ist auf das Überleben ausgerichtet.

Fakt ist …

… Wölfe sind zwar Beutegreifer, die für das Überleben Nahrung beschaffen müssen, haben aber andererseits auch ein Familienleben, das reich an Emotionen ist. Sie handeln emotional recht unterschiedlich und der Situation angepasst und verbringen viel Zeit mit gemeinsamen Interaktionen, Spielen und gegenseitigen Pflegemaßnahmen. Sehr viele Emotionen werden ausgedrückt, auch wenn sie mit dem reinen Überleben nichts zu tun haben, weder mit dem Paarungsverhalten oder der Nahrungssuche, noch mit Gefahrenerkennung oder -abwehr. Wölfe sind hoch soziale Lebewesen, sodass vor allem auch der Austausch von Emotionen für ihr Zugehörigkeitsgefühl als geachtetes Mitglied einer Gruppengemeinschaft eine wichtige Rolle spielt.

Bedeutung für den Hundehalter

Hunde sind keine Lebewesen, die nur aus Instinkt handeln. Für ihr familiäres Zugehörigkeitsgefühl brauchen sie soziale Nähe und Verständnis von ihrem Menschen, aber auch, wenn notwendig, die Vermittlung von klaren Grenzen. Wir wissen heute, dass sich das kommunikative Verständnis und der Austausch von Emotionen bei Mensch und Hund im Laufe der Jahrtausende aneinander angepasst hat.

Der enge soziale Kontakt zwischen Mensch und Hund findet idealerweise schon von Kindesbeinen an statt, indem sich beide gegenseitig ihre typischen Eigenschaften und Emotionen zeigen. Die Sozialisation von Kind und Hund ist normalerweise völlig unproblematisch, weil Kinder spontan sind und vor allem offen und ehrlich reagieren, was den Hunden sehr entgegenkommt.

Behauptet wird ...

... Wölfe verhalten sich emotional immer souverän, stabil und geduldig.

Fakt ist ...

... Wolfseltern können manchmal auch launenhaft reagieren. Es werden negative Stimmungen und Gefühle ausgedrückt wie Ärger, Frust, Wut, Ungeduld, beleidigt oder stinksauer sein oder aber positive Gefühle wie Freude, Liebe, Begeisterung oder Spaß. Diese Emotionen wechseln häufig, ganz wie bei Menschen, die auch mal morgens mit dem falschen Fuß aus dem Bett aufstehen. Wenn sich Wolfseltern situationsbedingt ungehalten oder ungeduldig verhalten, wandert trotz alledem weder ein rangniedriger Wolf ab, noch führt dies zu grundsätzlichen Störungen im Vertrauensverhältnis zwischen den Familienmitgliedern.

Bedeutung für den Hundehalter

Als Hundebesitzer sollten Sie stets bemüht sein, sowohl Ihre positiven als auch Ihre negativen Gefühle in einem ausgewogenen Verhältnis zum Ausdruck zu bringen. Wenn Sie von der Arbeit nach Hause kommen und von Ihrem Hund freudig begrüßt werden, dann gehört es zu Ihren ritualisierten Pflichten, dass Sie sich mit Ihrem vierbeinigen Lebenspartner freuen, statt ihn zu ignorieren, wie immer wieder geraten wird. Und natürlich dürfen Sie auch sauer sein und Ihr Früchtchen körperbetont zurechtweisen, wenn es einmal Mist gebaut hat.
Sie dürfen auch einfach mal schlecht drauf sein, solange dieser Zustand nicht dauerhaft ist. Trotz alledem muss das Bemühen des Menschen grundsätzlich darin liegen, seine Emotionen stabil zu halten und nicht zu übertreiben.

Behauptet wird ...

... Wölfe gehen sofort zur Tagesordnung über, wenn eines ihrer Rudelmitglieder stirbt. Sie trauern nicht, denn das Leben geht weiter.

Fakt ist ...

... Nach unseren jahrelangen Beobachtungen zahlreicher Wolfsfamilien wissen wir, dass Wölfe auch Trauer empfinden und ausdrücken können, zum Beispiel durch unruhiges Verhalten, „Abhängen", sich mies fühlen, durch häufiges leidvolles Einzelheulen des zurückgebliebenen Lebenspartners als auch durch Chorheulen der restlichen Familie. Zu beobachten ist, dass die einzelnen Familienmitglieder häufig zu den bevorzugten Stellen des Verstorbenen gehen und dort nach ihm suchen.

Bedeutung für den Hundehalter

Natürlich dürfen und sollen Sie trauern, wenn Ihr Hund stirbt. Es ist völlig normal – auch wenn die Trauer um ein Tier gesellschaftlich immer noch nicht anerkannt ist. Ebenso natürlich ist es, wenn bei Mehrhundehaltung die verbleibenden Tiere auch trauern. Jedes Tier trauert auf seine eigene Weise und in seinem eigenen Zeitrahmen. Helfen Sie, indem Sie Ihre Routine beibehalten und verständnisvoll für die restlichen Tiere da sind.

Besonders alte Tiere in einer Mehrhundehaltung leiden recht häufig, wenn einer ihrer langjährigen Hundekumpels stirbt.

Beispiel von frei lebenden Wölfen

Banff: Diagnose: gebrochenes Herz

Wie fühlen sich Wölfe, die einen Lebenspartner verlieren, mit dem sie lange Jahre gute und schlechte Zeiten geteilt haben? Können Tiere trauern? Ein beeindruckendes Beispiel sorgte 2001 nicht nur unter uns Feldforschern für lebhafte Diskussionen. Die schon erwähnten Leittiere Stoney und Betty lebten über neun Jahre lang zusammen und zogen jedes Jahr einen Wurf Welpen groß. Mit zunehmendem Alter wurde Betty immer dünner und schwächer, bis sie schließlich starb. Ihr etwa gleichaltriger Partner Stoney war äußerlich immer noch gesund. Dennoch starb er nur vier Wochen nach Bettys Tod an fast derselben Stelle, an der sie gestorben war. Nachdem sich seine langjährige Lebenspartnerin für immer verabschiedet hatte, wollte Stoney allem Anschein nach auch nicht mehr weiterleben. Eine umfangreiche Nekropsie ergab, dass er völlig gesund war. Paul Paquet vermutete, dass Stoney am „broken heart syndrom" gestorben ist, also an gebrochenem Herzen.

Diese Schilderung ist kein Einzelfall. Doch manchmal meint es das Schicksal gut mit einem Wolf, dessen Partner stirbt. Im November 2001 verabschiedete sich die elf Jahre alte Aster in die ewigen Wolfsjagdgründe. Ihr Tod traf Lebenspartner Storm hart. Tagelang blieb er in ihrer Nähe. Auch der erwachsene Nachwuchs Nisha und Yukon wichen nicht von ihrer Seite. Letzterem fiel es besonders schwer, von seiner geliebten Mutter Abschied nehmen zu müssen. Wir merkten schon am vertrauten Heulen von Storm, dass sich etwas verändert hatte. Wenn ein enger Beziehungspartner stirbt, heulen Wölfe nachweisbar anders. So auch in diesem Fall. Storms Heulgesänge klangen traurig, nach ungewollter Trennung, nach Verlust. Doch Storm war noch kein gebrechlicher Greis und das Leben musste irgendwie weitergehen. Langsam begann er wieder, sein Kernrevier nach Fressbarem zu erkunden. Nisha und Yukon hielten engen Kontakt zu ihm, wirkten aber so ganz ohne Mutter weiter orientierungslos.

Ein paar Tage später beobachteten wir eine junge Wölfin, die sich vorsichtig Storm und seinen Kindern näherte. Etwas überrascht nahm der Leitrüde sogleich Kontakt zu ihr auf. Nisha fühlte sich irgendwie überrumpelt und brauchte ein wenig länger, bis sie das fremde Weibchen akzeptierte. Auch Yukon hielt sich anfangs vornehm zurück. Doch Storm war offensichtlich bereit, eine neue Lebenspartnerin anzunehmen und seine Trauer um Aster langsam zu vergessen. Bald machte die neue Patchwork-Familie gemeinsame Sache. Sie hatten sich zusammengerauft. Auch die erste gemeinsame Jagd war erfolgreich. Im Februar 2002 paarten sich Storm und das neue Leitweibchen, woraufhin wir ihr den Namen Hope gaben. Einen Monat danach verirrte sich Hope und landete ungewollt auf der Autobahn, wo sie angefahren wurde. Die Verletzungen waren so schwer, dass sie sich in einen dichten Waldabschnitt verkroch. Hier lag sie einige Tage bewegungslos. Wir befürchteten schon das Schlimmste. Dass Hope nicht nur bei Storm, sondern auch bei Nisha und Yukon Akzeptanz gefunden hatte, zeigte sich dadurch, dass ihr von allen Dreien regelmäßig

Nahrung gebracht wurde. Die Ersatzmutter war ohne Wenn und Aber zum fest integrierten Teil der Familie geworden. In diesem Fall konnten wir dokumentieren, dass sogar einem nicht verwandten Tier Fürsorge zuteil wurde. Dies war ein neuer Meilenstein im Verständnis sozialer Zusammenhänge, ein bislang unbekanntes kleines Puzzleteil im Erkennen wölfischer Unterstützungsbereitschaft. Storm, Nisha und Yukon hielten die Versorgung solange aufrecht, bis die geschwächte Wölfin wieder gesund war. Offensichtlich entwickeln Wölfe ein ums andere Mal ganz besondere Fähigkeiten, Schicksalsschlägen zu trotzen. Eine Eigenschaft, die uns begeistert und die uns über unsere eigene Einstellung gegenüber in Not geratenen Mitmenschen nachdenken lässt.

Yellowstone: Wenn guten Kojoten Böses widerfährt

Unsere kleine Gruppe der Wolfsbeobachter hatte sich in der wärmenden Wintersonne versammelt, um in der Ebene des Lamar Valley eine Gruppe Wölfe zu beobachten, die genüsslich einen Hirsch verspeiste, den sie in der Nacht zuvor getötet hatte. In sicherer Entfernung lagen sechs Kojoten. Sie warteten darauf, dass die Wölfe satt wurden und ihren Mittagstisch freigaben. Erst dann hatten sie eine Chance, ein Stück vom Kadaver abzubekommen.

Die Position des Resteverwerters ist im Wolfsland gefährlich, denn es kommt immer wieder vor, dass die großen Kaniden die kleinen Verwandten töten, wenn sie sie an der Futterquelle erwischen. Innerhalb der ersten beiden Jahre nach der Wiederansiedlung hatten die Wölfe die Kojotenpopulation um die Hälfte dezimiert.

Aber nicht umsonst haben die kleinen Vierbeiner den Ruf, Überlebenskünstler zu sein. Sie passen sich blitzschnell neuen Lebensbedingungen an. Waren sie zuvor noch die ungekrönten „Top-Dogs" in Yellowstone, haben sie sich nun mit ihrer Position als „Underdog" abgefunden und machen das Beste daraus. So haben sie gelernt, dass Sicherheit in der Gruppe liegt, und folglich sind sie in größeren Familiengruppen unterwegs als noch in den Jahren vor der Rückkehr der Wölfe. Finden sie einen Kadaver, stellen sie meist einen aus ihren Reihen als Aufpasser ab. Er muss warnen, wenn die Wölfe zurückkommen.

Endlich hatten auch unsere Kojoten Glück und die Wölfe zogen ab. Es war noch sehr viel Fleisch übrig, auf das sich Raben, Elstern und zwei Adler stürzten. Jetzt waren die kleinen Kaniden dran. Obwohl noch genug Fleisch da lag, war auch bei ihnen der Futterneid groß. Es gab kleinere Kabbeleien um die besten Stücke. Ein Kojote schaffte es, sich einen großen Hirschschenkel zu ergattern und zog damit ab, stets wachsam um sich schauend. Diesen Preis gönnte er niemandem, auch nicht seiner eigenen Familie. Ein wenig abseits wollte er es sich mit der Beute gemütlich machen. Mühsam schleppte er das Fleisch durch den tiefen Schnee und ahnte dabei nicht, dass das Unheil aus einer ganz anderen Richtung kam.

Aus dem Nichts tauchte ein großer Weißkopfadler auf, ließ sich von oben auf den Kojoten fallen und riss mit einem gezielten Griff seiner Fänge dem Tier das Fleisch aus dem Maul.

Wir Wolfsbeobachter standen genauso fassungslos da wie der Kojote selbst. Lediglich Bob Landis, der Filmemacher von National Geographic hatte die Geistesgegenwart, die Szene zu filmen. Ein raunendes „Wow" ging durch die Gruppe der Zweibeiner, während der beraubte Kojote immer noch seinem davonfliegenden Hirschschenkel nachschaute. „Frust" war das einzige passende Wort, das uns zu dem Geschehen einfiel. Wir hatten Mitleid mit dem kleinen Kaniden. Dieser schüttelte sich kurz, dreht sich um und lief zum Kadaver zurück. Das Leben ging weiter und es gab Wichtigeres, als gestohlenem Fleisch nachzutrauern.

Gefühle: Alte Zöpfe kontra moderne Verhaltensforschung

Nur langsam sind Wissenschaftler bereit, Emotionen und Gefühle bei Tieren anzuerkennen. Früher war die klassische Verhaltensforschung in vielen Bereichen von den Behavioristen geprägt, die das Verhalten eines Tieres – meist sogar unter sterilen Laborbedingungen – total nüchtern dokumentierten. Dass Tiere Gefühle haben könnten, wurde abgestritten.

Seit einiger Zeit gibt es jedoch innerhalb der Verhaltensforschung den Zweig der kognitiven Ethologie. Sie beschäftigt sich mit wissenschaftlichen Studien des Gemüts- und „geistigen" Lebens von Tieren. Lernen, Gedächtnis, Gedanken, Empfindungen und Gefühle werden hier erforscht. Des Weiteren sind die Fähigkeiten, seine eigenen Vorstellungen und Erfahrungen in andere Lebewesen hineinzuprojizieren, aber auch die Fähigkeit zur Erschließung der Gedanken und Erfahrungswelt anderer Lebewesen, Teil dieses gesamten Bereichs. Nationale Entscheidungsfindung, Einsicht, Voraussicht,

räumliche Orientierung, mentale Zeitreisen und andere Eigenschaften, die man bisher nur den Menschen zugesprochen hatte, sind bei Tieren mittlerweile durchaus nachgewiesen. Es zeigt sich auch, dass dies keineswegs nur in einer einzigen Verwandtschaftsgruppe, etwa den höheren Primaten, zu finden ist. Dass in diesem Bereich nicht nur Denken, Planhandlungen, vorausschauendes Handeln und andere mehr rationale Bereiche von Tieren mittlerweile genauso gut nachweisbar sind wie beim Menschen, ist dabei unbestreitbar.

Die Existenz beziehungsweise der Nachweis von Emotionen und Gefühlen bei Tieren ist noch nicht allgemein akzeptiert. Jedoch ist auch hier ganz sicher zu vermerken, dass solche Eigenschaften und Empfindungen zumindest bei höher organisierten Lebewesen zu erwarten sind. „Hart gesottene Rationalisten" können sich dabei auf das Homologieprinzip berufen, wonach bei Vorliegen gleicher Strukturen und Mechanismen auch von ähnlichen Verhaltensäußerungen bei unterschiedlichen Tierarten auszugehen ist. Da nachgewiesen ist, dass die beteiligten Hirnabschnitte und Hormone bei höheren Säugetieren gleich vorhanden sind und sie in denselben Situationen ähnlich reagieren (zum Beispiel Trennungstrauma, Partnerverlust, Revierverlust), kann man auch bei Tieren den Begriff der „Trauer" anwenden. Zum Thema „Gefühlswelt" empfehlen wir die Publikation von Jeffrey Burgdorf und Jaak Panksepp „The neurobiology of positive emotions" (Neuroscience & Biobehavioral Reviews, Volume 30, Issue 2, 2006).

WOLF, MENSCH UND HUND SIND SOZIAL

Lernen: Was Schnösel nicht lernt ...

Behauptet wird …

… Jungtiere zeigen kein Beobachtungs-lernen.

Fakt ist …

… Jungtiere beobachten sehr aufmerksam alles, was um sie herum vorgeht. Sie kopieren die typischen Verhaltensweisen der Alten und lernen so Schritt für Schritt eine ureigene Familientradition kennen. Aber nicht nur bei den Alten schauen sie sich etwas ab, sondern auch bei den Wurfgeschwistern. Wenn zum Beispiel während des Spiels ein Schnösel eine neue Taktik des Nachlaufens erfindet, bei der er den Verfolgten durch eine Abkürzung von der Gruppe abtrennen kann, schauen sich das die anderen genau an und üben es bei den nächsten Spieleinheiten selber. In Zukunft wird ihnen diese Taktik bei der Jagd sehr hilfreich sein.

Bedeutung für den Hundehalter

Sie stehen unter ständiger Beobachtung! Nicht vom Geheimdienst, aber von zwei aufmerksamen Hundeaugen, die jede Ihrer Bewegungen verfolgen und aus Ihrem Verhalten Rückschlüsse ziehen. Somit haben Sie Starqualitäten und Vorbildfunktion für Ihren vierbeinigen Lebensgefährten. Umso wichtiger ist es, eine klare Lebensroutine zu haben, an der sich Ihr Vierbeiner orientiert, damit er Sie dann nachahmen kann.
Ein Tipp: Wenn Sie sich zu einem erwachsenen Hund einen Welpen anschaffen, lassen Sie den Kleinen beim Training des Großen zuschauen. So wird Ihnen die Erziehung des Jungspunds später sehr viel leichter fallen. Dies gilt natürlich nicht, wenn der erwachsene Hund nicht gehorcht und dann das Nachahmen einen negativen Effekt hat. Aber das versteht sich ja von selbst.

Behauptet wird …

… Wolfseltern erziehen ihre Kinder nur positiv und ohne Strafe. Schlechtes Verhalten wird nicht beachtet.

Fakt ist …

… Jungtiere lernen nicht nur durch positive Erfahrung, sondern auch durch Verhaltenskorrekturen, die der jeweiligen Situation angepasst sind. Wenn sie die Erwachsenen nerven, gibt es sofort „etwas auf den Deckel". Das bedeutet aber nicht, dass die Kleinen ständig gemaßregelt werden. Der Grundtenor in einer Familie ist sozialfreundlicher Natur, was jedoch die Umsetzung gelegentlicher Verhaltenskorrekturen nicht ausschließt.

Bedeutung für den Hundehalter

Damit Ihr Hund die Hausregeln lernt, müssen Sie sein Verhalten sofort und situationsbedingt korrigieren (siehe S. 93). Ausschließlich positives Verhalten zu verstärken und negative Verhaltensweisen grundsätzlich nicht zur Kenntnis zu nehmen, wie es manchmal empfohlen wird, ist unrealistisch. Schlechtes Benehmen verflüchtigt sich nicht, die Hemmungslosigkeit nimmt

Verhaltenskorrekturen müssen vom Hundehalter grundsätzlich sofort, ruhig, nicht aggressiv und der Situation angemessen durchgeführt werden. Auch wenn viele Menschen körperbetonte Abbruchsignale, wie ein konkretes Fellzwicken oder Schulterstoßen ablehnen, zeigen Hunde diese Verhaltensweisen untereinander sehr wohl. Und das stört keinesfalls eine enge Beziehung, eher im Gegenteil. Sie verläuft nach dem kurzen Zurechtweisen ganz normal weiter wie zuvor.

Behauptet wird ...

... Wölfe haben keine kognitiven Fähigkeiten. Sie lernen nicht, sich Landschaftsbilder einzuprägen. Jungtiere sind ohne Erwachsene völlig orientierungslos.

Fakt ist ...

... Wölfe speichern im Laufe des Erwachsenwerdens ganze Landschaftsabschnitte im Gehirn. Sie sind auch in der Lage, Sommer- und Winterreviere zu unterscheiden. Das durchschnittliche Wolfsterritorium ist im Winter ein Drittel größer als im Sommer, weil alles zugefroren ist. Man könnte davon ausgehen, dass sie im Winter ebenso wie im Sommer um einen See herumlaufen. Das tun sie jedoch nicht, sondern sie laufen den direkten, geraden Weg. Weil sie das unterscheiden, wissen wir, dass sie bewusst Abkürzungen laufen können.

zu oder der Hund handelt dauerhaft selbstständig. Haben Sie keine Angst, durch eine gezielte und angepasste Verhaltenskorrektur das Vertrauen Ihres Tieres zu verlieren. Wichtig ist, dass Sie nach der Verhaltenskorrektur sofort wieder eine versöhnliche Haltung einnehmen.

Tipp: Da wölfische Alttiere trotz ihrer Kooperationsgemeinschaft auch ihre eigenen Interessen durchsetzen, müssen wir Menschen unseren Hunden nicht alles hinterhertragen und ständig Rücksicht auf sie nehmen. Wir dürfen auch einmal unseren eigenen Interessen und Hobbys nachgehen, selbst wenn es Bello gerade nicht passt.

Wenn die Schnösel einmal ihren Anschluss an die Eltern verlieren, dann finden sie auch alleine wieder zurück. Dies tun sie nicht, indem sie in der eigenen Spur zurücklaufen, sondern sie orientieren sich unabhängig von der Landschaft am Eigengeruch. Wir haben festgestellt, dass Jungwölfe, nachdem sie abgekotet haben, ihren Kot beriechen und sich damit den eigenen Geruch einprägen. Diesen nutzen sie dann als Orientierungshilfe, um wie bei einer „Schnitzeljagd" von Haufen zu Haufen wieder nach Hause zu finden.

Bedeutung für den Hundehalter

Geht ein Hund verloren, dann gibt es verschiedene Möglichkeiten. Es gibt Tiere, die völlig orientierungslos durch die Landschaft irren. Andere wiederum laufen direkt nach Hause oder warten schon vor dem Auto und wundern sich, warum Herrchen so lange braucht.

Was können Sie tun, um zu verhindern, dass Bello sich verläuft? Junge Hunde oder Hundewelpen müssen während der Lebensraumprägung eine Verbindung zwischen dem Innen- und dem Außenrevier schaffen, also zwischen ihrem Zuhause (Haus und Garten) und der Welt außerhalb der vertrauten Umgebung. Dies geschieht schneller, wenn Sie mit Ihrem Hundewelpen in der ersten Zeit immer denselben Weg laufen oder mit dem Auto immer an dieselbe Stelle zum Gassigang fahren. So kann sich der Kleine seine Umgebung für immer einprägen und eine regelrechte örtliche Vertrautheit aufbauen, während Sie die Spaziergänge langsam erweitern. Das Beste dabei ist, dass Ihr Hund immer wieder zum Ausgangspunkt zurückkommt, weil er im Gehirn alle notwendigen Umweltinformationen gespeichert hat.

Behauptet wird ...

... Wenn junge Welpen sich hemmungslos verhalten, kämpfen sie grundsätzlich um einen Rang im Rudel.

Fakt ist ...

... Kanidenwelpen haben im jungen Alter die höchste Aggressionsstufe ihres Lebens, weil sie noch keine Beißhemmung gelernt haben. Deswegen halten sich die Wolfseltern besonders raus, wenn die Welpen ständig am Rangeln und Sich-Beharken sind. Solche Rangeleien gehen mit sehr viel Geschrei und Gebrüll einher. Es klingt, als würden sich alle gegenseitig umbringen. Die kleinen Wölfe sind lange mit ihren Geschwistern zusammen und können so ausgiebig ausprobieren, wer sich was erlauben darf.

Bedeutung für den Hundehalter

Haben Sie plötzlich einen Haufen hemmungslos streitender Hundewelpen vor sich, müssen Sie die Nerven behalten und Fingerspitzengefühl beweisen. Auf keinen Fall sollten Sie die Racker selbstständig trennen, weil Sie Angst um Ihr Baby haben. Junge Welpen, die miteinander raufen, lernen durch die gegenseitige Schmerzzufügung, Hemmungslosigkeiten zurückzufahren und vorsichtiger miteinander umzugehen. Auch Welpen, die schon beim Züchter mit ihren Geschwistern die ersten Beißhemmungen erlernt haben, müssen dies weiter üben, beispielsweise in guten Welpenspielgruppen.

Zur Kommunikation unter Welpen und Junghunden gehört auch der Austausch von aggressiven Drohsignalen. Man spricht ganz bewusst von einer „biologischen Funktion" des Drohverhaltens. Hunde müssen sich in ihrer Sprache ausdrücken dürfen, ohne vom Menschen ständig manipuliert zu werden. Das Motto: „Nur ‚nett' spielen ist erlaubt" oder die Devise „Wenn der Hund knurrt, muss ich sein Verhalten sofort umkonditionieren" missachtet jegliche Regel hundlicher Verständigung.

Anders in der Beziehung Mensch-Hund. Verwandelt sich Ihr sanftes Fellbündel auf Ihrem Schoß in einen reißenden Vampir und beißt Sie schmerzhaft, dann bringt es nichts, den Kleinen mit Leckerlis umzukonditionieren. Bringen Sie vielmehr deutlich verbal („Au!") und mimisch zum Ausdruck, dass Sie das jetzt gar nicht so toll finden.

Dies machen Sie so lange, bis der Welpe die Rituale gelernt hat, die auch Hunde untereinander zeigen. Wenn es zu heftig wird, ist auch durchaus ein schneller Schnauzgriff, ein Wegschubsen oder auch einmal eine lautere Stimmlage angebracht. Leider wird das heute noch viel zu wenig geübt. Aber Hunde müssen lernen, dass die menschliche Haut dünner und empfindlicher ist als die von Artgenossen.

Durch das gegenseitige Schmerzzufügen entwickelt sich eine gehemmte Aggressionsbereitschaft. Dies können Sie sehr schön bei Junghunden beobachten, die das schon gelernt haben: Beim Maulringen – das dem „Waffen zeigen" entspricht – werden Zähne gezeigt, es wird aber nicht zugebissen. Der Prozess der Beißhemmung vollzieht sich nicht von einem Tag auf den anderen, sondern erstreckt sich schon einmal über mehrere Wochen.

Behauptet wird …

… Zu forsche Wölfe werden ständig niedergemacht, damit sie lernen, sich unterzuordnen.

Fakt ist …

… Wölfe werden nicht mit der Kenntnis der Grundregeln innerhalb der Familie geboren, sondern sie müssen sie lernen. Dabei helfen ihnen Rituale. Das sogenannte „Unterordnen" bedeutet der gegenseitige Versuch, den Freiraum des anderen zu begrenzen und dabei seine Bewegungen einzuengen. Dies lernen die jungen Wölfe durch tägliche Interaktion und ritualisiertes Spiel, ein-

verteidigen. Und wenn sie mit unsicheren und sensiblen Hunden zusammen sind, lernen sie, dass man andere herrlich verprügeln kann, ohne selbst verletzt zu werden. Wir empfehlen, diese Tiere in eine Gruppe von freundlichen, stabilen Hunden zu stecken und dort zu integrieren, damit sie die üblichen Ritual- und Kommunikationssignale lernen.

Dieselbe Empfehlung gilt auch für sensible Hunde, deren Besitzer ihre Tiere gerne „mutiger" sehen würden, nach dem Motto: „Nun wehr dich doch mal!"

Wenn ein Hund bei einer Rangelei einem Stärkeren unterliegt, ist es ein Trugschluss zu glauben, dass er sich nun allen anderen Hund gegenüber gesittet verhält. Vielmehr wurde nur die Situation zwischen den beiden Kontrahenten geklärt und hat keinerlei Verallgemeinerungswert. Was das Austesten unter Hunden angeht, so muss das Durchsetzen beziehungsweise Zurückhalten immer wieder von Neuem mit anderen Hunden geklärt werden.

schließlich der in das Spiel eingestreuten Abbruchsignale wie Überlaufen, Wegrempeln, in den Hintern zwicken und Ähnlichem.

Bedeutung für den Hundehalter

„Mein Hund müsste mal an einen Stärkeren geraten, der ihm Manieren beibringt". Dieser Spruch ist geläufig – doch völlig falsch. Rabauken und Raufer sollte man weder mit anderen Rabauken noch mit unsicheren Hunden zusammentun. Wenn sie unter sich sind, lernen sie nur, sich ständig selber zu

Behauptet wird ...

... Wölfe sind ständig aktiv und leiten ihre Jungen schon früh an, im Revier unterwegs zu sein.

Fakt ist ...

... Eines der Haupthobbys von Wölfen ist Schlafen. Auf Aktivphasen folgen grundsätzlich immer lange Inaktivphasen. Besonders Jungtiere, deren Bänder, Sehnen und Knochen noch nicht voll entwickelt sind, brauchen schon deshalb viel Schlaf, da dieser auch zum seelischen Gleichgewicht beiträgt. Und die Eltern lassen sie ruhen und schleppen sie nicht dauernd mit. Manchmal geschieht es, dass die Eltern sich entfernen und die Schnösel alles verschlafen. Wolfsfamilien haben Familientreffpunkte. Wenn die Erwachsenen unterwegs sind, lungern die Schnösel dort herum, bis die Alten zurückkommen, um sie abzuholen, um mit ihnen herumzubalgen oder um dort ein Schläfchen zu halten.

Bedeutung für den Hundehalter

Im Gegensatz zur landläufigen Meinung, die immer zur Beschäftigung anregt, ist genauso wichtig, dass Hunde ihre Ruhephasen haben, denn Kaniden verschlafen zwei Drittel ihres Lebens.

Sorgen Sie also als Erstes dafür, dass Ihr Hundeschnösel genug Ruhe hat und sich auf einen ruhigen Platz zurückziehen und schlafen kann, wenn er es will.

Manchmal müssen Sie ihn vielleicht zum Schlafen „zwingen", so wie kleine, überdrehte Kinder, die noch heftig protestieren: „Mama, ich bin nicht müde, ich will nicht ins Bett" und kurze Zeit später auf dem Arm der Mutter fest eingeschlafen sind.

Wenn Sie Kinder oder andere temperamentvolle Hunde im Haushalt haben, müssen auch diese Zwei- und Vierbeiner erzogen werden und klare Grenzen gesetzt bekommen, damit die jungen Tiere ausreichend Schlaf finden.

Beispiel von frei lebenden Wölfen

Banff: Abschied von Hotel Mama

Die Bowtal-Wolfsfamilie, die inmitten einer von Menschen geschaffenen Infrastruktur zurechtkommen muss, hat über Jahre hinweg gelernt, geweihtragende Beutetiere gegen Autobahnzäune zu treiben. Diese raffinierte Taktik ist längst zur Tradition geworden. Generation um Generation bekommt von den erfahrenen Elterntieren vorgelebt, dass sich Hirsche erheblich leichter töten lassen, wenn sich die Tiere im Zaun verheddern. Diese spezielle, an den Lebensraum angepasste Jagdtechnik, die andere Wolfsfamilien nicht kennen, schaut sich jeder Jungwolf sehr genau von den Alttieren ab. Erst scheucht man ein Beutetier gezielt in eine bestimmte Richtung. Dann treibt man es auf die Autobahn zu und setzt es im wahrsten Sinne des Wortes schachmatt. Der Vorteil liegt auf der Hand: Im Zaun festhängende Geweihträger können sich kaum noch wehren, ein Angriff birgt folglich nur wenig Risiko.

Auch Lakota, der im Herbst 2008 im Revier seiner Familie öfter alleine unterwegs war, hatte aufgrund des oben beschriebenen Wissens einen großen Vorteil beim Abnabelungsprozess von den Eltern. Alleine hätte er sich an einen der gewaltigen Hirsche nicht getraut und vermutlich auch nie eine Chance gegen ihn gehabt. Aber durch das Beobachten der Jagdtechnik seiner Eltern hatte er gelernt, wie er die Tiere ohne die Hilfe von Mama und Papa töten konnte. Gut, wenn man unter den Fittichen von cleveren Alttieren aufwächst, die einem außergewöhnliche Überlebenstricks beibringen können.

An einem frühen Morgen im Oktober 2008 wanderte Lakota wieder einmal in der Nähe des kleinen Städtchens Lake Louise umher, einem weltbekannten Skiort. Hier halten sich stets viele Hirsche auf, die in direkter Nähe zu Menschen Schutz vor Beutegreifern finden. Dumm nur, dass Menschen vor Sonnenaufgang generell wenig aktiv sind. Demzufolge waren die Hirsche auch an diesem Morgen auf sich alleine gestellt. Das wusste natürlich auch Lakota. Unbemerkt schlich er sich an eine kleine Gruppe von drei Wapitis heran. Einer von diesen machte den verhängnisvollen Fehler, panisch zu flüchten. Wie von der Tarantel gestochen rannte er planlos in Richtung Autobahn. Und so kam es, wie es kommen musste, und wie es Lakota auch beabsichtigt hatte: Der Hirsch sah den Zaun zu spät und blieb in ihm hängen. Der Wolf griff sofort an. Er packte sein Opfer an der Kehle und schnürte ihm gnadenlos die Luft ab. Der ungleiche Kampf zog sich zwar fast eine Stunde hin, trotzdem konnte sich das Resultat sehen lassen. Das Beutetier wurde zunehmend schwächer, verlor das Gleichgewicht und fiel auf die Seite. Ein finaler Sprung, ein beherzter Biss – die Schlacht war geschlagen. Der Hirsch war tot. Lakota hatte sich bei der ganzen Aktion allerdings dermaßen verausgabt, dass er erst einmal eine Auszeit nehmen musste. Hechelnd lag er da, die Beute stets im Auge. Zwanzig Minuten später riss er die Bauchdecke auf und machte sich über sein Opfer her. Ein Festschmaus stand an. Hunderte Kilogramm Biomasse für einen Einzelwolf. Lakota hielt sich über eine Woche lang in der Gegend auf, um in unregelmäßigen Abständen am Kadaver auf einen Bissen vorbeizuschauen. Selbstständigkeit erreicht. Adieu Hotel Mama …

Yellowstone: Wölfe als Flugexperten

Die Yellowstone-Wölfe lernen sehr früh den Unterschied zwischen einem einmotorigen Flugzeug und einem Hubschrauber kennen und erfahren schnell, warum das eine „gut" und das andere „böse" ist.

An einem warmen Wintermorgen hatte ich die spannende Aufgabe, eine schlafende Wolfsfamilie im Lamar Valley zu beobachten. Die Tiere hatten in der Nacht einen Hirsch gerissen und sich satt gefressen. Nun hielten sie Siesta.

Aus der Ferne hörte ich ein Brummen. Einige der Wölfe hoben den Kopf, während die anderen tief und fest weiterschliefen. Das Geräusch wurde lauter. Ich sah einen Hubschrauber näherkommen. Drei der Wölfe sprangen jetzt blitzschnell auf und rannten auf den Wald zu. Die anderen Schlafmützen schauten irritiert hoch, standen verschlafen auf, schüttelten sich und hatten deutlich große Fragezeichen über ihren Köpfen. Sie wunderten sich, wo denn jetzt so plötzlich der Rest der Familie hin verschwunden war und warum? Sie schauten sich um, sahen aber nichts, was „Gefahr" signalisierte. Erst als sich der große, laute Vogel auf sie herabsenkte, reagierten sie und rannten kopflos davon – auf die schneebedeckte Ebene hinaus. Das war ein Fehler.

Der Hubschrauber folgte nun einer jungen Wölfin, die über den Schnee raste. Mit dem Spektiv sah ich den eingeklemmten Schwanz, die angelegten Ohren und die Panik in ihren Augen. Sie versuchte, dem Monster zu entkommen.

Doug Smith, der leitende Biologe des Wolfsprojektes, hing angeschnallt mit dem Betäubungsgewehr aus der Hubschraubertür. Dann zog die Pilotin den Helikopter nach oben, und wenig später wurde die verfolgte Wölfin langsamer und sackte schließlich zusammen. Der Betäubungspfeil hatte sie getroffen.

Der Hubschrauber landete in der Nähe, der Biologe sprang heraus und lief zur Wölfin. Er vermaß und wog sie, nahm ihr Blut ab und legte ihr schließlich ein Radiohalsband um. Innerhalb von zehn Minuten war alles vorbei und Doug Smith schon wieder auf dem Heimweg. Zurück blieb eine noch betäubte Wölfin, die in der nächsten Stunde aufwachte und zu ihrer Familie zurücktaumelte. Sie trug nun ein Halsband und eine Nummer: 645F. Ihr Radiohalsband im Wert von 2.500 US $ wurde von Sponsoren des Wolfsprojektes bezahlt, die dazu gehörige Lektion war umsonst. Nr. 645 wird in Zukunft, wenn sie wieder das Geräusch eines Hubschraubers hört, die „Pfoten" in die Hand nehmen und Deckung suchen, so wie auch ihre anderen besenderten Familienmitglieder heute.

Die Yellowstone-Wölfe können sehr genau zwischen einem Hubschrauber und dem einmotorigen Flugzeug der Biologen unterscheiden. Ganz entspannt bleiben sie liegen, wenn das Biologenflugzeug einmal in der Woche im Kontrollflug tief über sie hinweggleitet. Hören sie aber einen Hubschrauber, sind sie blitzschnell verschwunden. Noch eine interessante Randbemerkung in diesem Zusammenhang:

Wird während einer solchen Aktion die Leitwölfin betäubt, bleibt ihr Partner die ganze Zeit in der Nähe und legt sich nach dem Abzug des Biologen neben sie, bis sie wieder aufgewacht ist. Dies gilt nicht umgekehrt. Wird der Leitrüde betäubt, nimmt die Leitwölfin mit den anderen Tieren Reißaus.

Radiohalsbänder

Der Einsatz von Radiohalsbändern ist umstritten und auch wir sind nicht begeistert davon. Dennoch sehen wir sie als Hilfsmittel bei der Wolfsforschung und nutzen die Vorteile, die wir dadurch haben.

Ein Radiohalsband ist ein festes Leder- oder Kunststoffhalsband, das mit einem Sender ausgerüstet ist, der über eine Spezialantenne Signale zu einem Telemetrieempfänger schickt. Auf diese Weise kann man mehr über die Lebensgewohnheiten und Wanderrouten der Wölfe herausfinden. Jedes Halsband gibt ein bestimmtes Signal entsprechend der Aktivitäten der Wölfe ab. So zeigen die Signale, ob ein Wolf schläft, sich bewegt, aber auch, ob er tot ist. Hat sich ein Wolf mehr als vier Stunden überhaupt nicht mehr bewegt, kommt ein „Tot-Signal", das alle, die mit den Tieren arbeiten, fürchten.

Die klassischen Halsbänder werden inzwischen fast überall von GPS-Halsbändern abgelöst, mit denen man quasi vom heimischen Computer aus über Satelliten den Wölfen folgen kann. Und die neueste Technik sind GPS-GSM-Halsbänder. Kommt ein Wolf mit einem solchen Halsband in die Nähe einer GSM-Mobilfunkantenne, können die Biologen im Feld über ihr Handy die Daten per SMS abrufen und so seiner Spur folgen. Eines sollte klar sein: Bei aller Begeisterung für technische Errungenschaften können direkte Verhaltensbeobachtungen durch nichts ersetzt werden.

Auf diesem Foto ist eine klassische Telemetrieausrüstung zu sehen mit Radiohalsband, Handantenne und Empfänger.

WOLF, MENSCH UND HUND SIND SOZIAL

Erziehung: Teenager
außer Kontrolle

Behauptet wird ...

... Bei der strikt hierarchischen Sozialhackordnung bleibt immer ein Tier auf der Strecke, der sogenannte „Omega-Wolf" (Prügelknabe), der von den anderen Wölfen extrem unterdrückt und manchmal sogar getötet wird.

Fakt ist ...

... Durch unsere Beobachtungen können wir definitiv belegen, dass es – im Gegensatz zur Gehegesituation – bei frei lebenden Wolfsfamilien den „Prügelknaben" (oder auch „Omegawolf") nur extrem selten gibt. Schikanierte Individuen bilden entweder Koalitionen mit anderen in der Gruppe, was zum Umsturz führen kann, oder sie verlassen die Gruppe.

Bedeutung für den Hundehalter

Hunde neigen bisweilen dazu, Schwäche gnadenlos auszunutzen. Bei der Haltung mehrerer Hunde kann es daher schon einmal vorkommen, dass ein sensibles Tier, das sich nicht durchsetzen kann, von den anderen ständig gemobbt wird. Dann ist es die Pflicht des Hundehalters, für klare Regeln zu sorgen und derartige Szenen direkt im Keim zu ersticken. Aber Vorsicht! Ein solches Eingreifen erfordert Fingerspitzengefühl und muss der jeweiligen Situation angepasst und verhältnismäßig sein. Manchmal kann es auch besser für ein typisches „Mobbingopfer" sein, wenn es zunächst aus dieser Gruppenkonstellation herausgenommen wird.

Auch in einer Gruppe mit mehreren ganz unterschiedlichen Hunden geht es normalerweise eher friedlich zu. Aber jede Gruppenkonstellation ist anders und muss dementsprechend individuell beurteilt werden.

Behauptet wird …

… Der Schnauzgriff ist mit Brutalität gleichzusetzen und kommt dem Einsatz von Elektroschockgeräten gleich.

Fakt ist …

… Wie in jeder Familie gibt es auch bei den Wölfen Konflikte, die gelöst werden müssen, um das Gruppengefüge zu stabilisieren. Deshalb müssen auch – je nach Situation – klare Grenzen gesetzt werden. Eine der Maßnahmen zur Grenzsetzung ist der berühmt-berüchtigte „Schnauzgriff". Im Gegensatz zu der verallgemeinerten Darstellung, kann dieser eine sozial freundliche Variante sein (das Alttier greift ohne Drohsignal und ohne die Lefzen anzuheben sanft über den Fang des Schnösels) oder einen verhaltenskorrigierenden Ansatz darstellen (das Alttier fasst mit geöffnetem Maul über die Schnauze des jungen Wolfs und stößt diesen kurz und eventuell mehrmals hintereinander auf den Boden). Kein Familienmitglied, das so zurechtgewiesen wird, stellt deshalb die Vertrauensbasis infrage und wandert ab.

Viele Hunde geben ungern Ersatzbeute ab. Deswegen empfiehlt es sich schon bei Welpen, mit einem der Situation angepassten Schnauzgriff das Herausgeben von Objekten regelmäßig zu üben. Alternativ gibt es auch die Möglichkeit des „Tauschgeschäfts": Futter für Spielzeug und umgekehrt.

ein kurzer stoßartiger Griff über die Schnauze vermitteln, dass wir das nicht wünschen. Ebenfalls kann das Über-die-Schnauze-Greifen helfen, wenn der Kleine ein Objekt nicht herausgibt. Das kann manchmal sogar Leben retten.

Bedeutung für den Hundehalter

Beim berühmt-berüchtigten Schnauzgriff macht es weder Sinn, bei allen unerwünschten Verhaltensweisen des Hundes ständig mit der Hand seine Schnauze zu quetschen, noch kann man den Schnauzgriff mit Brutalität gleichsetzen. Bei Welpen, die hemmungslos in den Arm kneifen, weil sie noch keine Beißhemmung gelernt haben, kann

Behauptet wird …

… Um den Nachwuchs unter Kontrolle zu bringen, wenden die Leittiere den „Alphawurf" an.

Fakt ist …

… Da es keine streng hierarchische Hackordnung gibt, gehört der „Alphawurf" ins Reich der Fabel. Verhaltenskorrekturen erfolgen grundsätzlich verhältnismäßig und der jeweiligen Situation angepasst. Außerdem sind Wölfe Meister des perfekten Timings. Sie bestrafen zur rechten Zeit, also genau in der Sekunde, wo es passiert ist.

Bedeutung für den Hundehalter

Der Alphawurf, der heute noch in manchen Kreisen zum normalen Training gehört, *hat in der Mensch-Hund-Beziehung nichts verloren.* Da es – wie bereits mehrfach erwähnt – keine soziale Rangordnung zwischen Mensch und Hund gibt, verstehen so disziplinierte Hunde die Welt nicht mehr und sind völlig verunsichert.

Behauptet wird ...

... Wolfseltern ignorieren ihren Nachwuchs über einen längeren Zeitraum hinweg, um unerwünschte Verhaltensweisen nicht kommentieren zu müssen.

Fakt ist ...

... Wolfseltern ignorieren ihren Nachwuchs nie über längere Zeit und sie sind vor allen Dingen nicht nachtragend. Verhaltenskorrekturen erfolgen deshalb immer im Zusammenhang mit der jeweiligen Situation präzise und auf den Punkt gebracht. Und danach geht die Beziehung genau an dem Punkt weiter, wo sie aufgehört hat. Geselligkeit ist schließlich Trumpf, nicht Ignoranz. Wölfe zeigen gegenseitiges Interesse aneinander, was ihren sozialen Zusammenhalt stärkt.

Bedeutung für den Hundehalter

Es hört sich gut an, es ist modern, und es ist „nett", den Hund zu ignorieren. Man tut ihm nicht weh und meint, ihn so zum gewünschten Verhalten zu bringen. Aber falsch! In Wirklichkeit kommt längerfristiges Ignorieren einer sozialen Isolation gleich, weil man ein Mitglied aus der Gruppengemeinschaft ausschließt. Ein derartiges Verhalten ist deshalb mit einer sehr harten Bestrafung gleichzusetzen. Aber selbstverständlich dürfen Sie als Hundehalter Ihren Hund für einen kurzen Moment ignorieren. Wenn Bello zum Beispiel ständig Aufmerksamkeit von Ihnen fordert und Sie anbellt, dann nehmen Sie in diesem Moment keinen Blickkontakt mit ihm auf und sprechen nicht mit ihm, sondern drehen sich so lange weg, bis er mit dem Bellen aufgehört hat. Wichtig ist auch, dass Ignorieren nicht eine Ersatzhandlung für das Regeln von Konflikten ist, zum Beispiel wenn Sie aus Angst vor einer Auseinandersetzung zum Ignorieren als Allheilmittel greifen. Außerdem werden Konflikte durch Ignorieren meist nur für kurze Zeit aufgeschoben, was auch keine Lösung ist.

Behauptet wird ...

... Jeglicher Einsatz von Abbruchsignalen führt zu einem generellen Vertrauensverlust und zur Verschlechterung der Bindung zwischen den einzelnen Familienmitgliedern. Abbruchsignale schüren Misstrauen, weshalb sich Wolfseltern deeskalierend verhalten.

*Schnösel müssen nicht nur generell Grenzen er-
fahren, sondern auch im Spiel lernen, dass Hemmungslosigkeit unwirsche Reaktionen auslösen
kann. Hier: Hündin droht einem nervigen Jung-
spund. Sofort danach ist alles wieder in Ordnung und die Beziehung geht genau dort weiter,
wo sie vor der Unmutsbekundung aufgehört hat.*

Fakt ist ...

... Unsere jahrelangen Kanidenstudien be-
weisen, dass sowohl nicht-körperbetonte
Drohsignale (Brummen, Knurren, Fixieren,
Lefzen-Anheben) als auch körperbetonte
Abbruchsignale (Schnauzgriff, Auf-den-
Boden-Drücken, Wegrempeln, Umstoßen)
Klarheit schaffen und die Gruppe sogar
fester zusammenschweißen.

Bedeutung für den Hundehalter

Als Hundehalter und somit als Ersatzeltern
müssen Sie situationsbezogen klar machen,
was im Zusammenleben mit Ihnen erlaubt
ist und was nicht. Ein in Welpengruppen
viel geübtes Beispiel ist Folgendes: Sie haben ein Leckerli in der offenen Hand. Wenn
sich Ihr Schnösel darauf stürzen will, sagen

Sie „Nein!" und machen eine Faust. Dies
wiederholen Sie immer wieder, bis der
Junior geduldig wartet und Sie ihn mit
geöffneter Hand belohnen können. Selbstverständlich bleibt trotz dieser Verhaltenskorrekturen das gegenseitige Vertrauensverhältnis bestehen.
Grundsätzlich sollten Sie als Hundehalter
ein unerwünschtes Verhalten immer sofort
korrigieren. Wichtig ist, dass Sie danach
nicht mehr nachtragend sind, wie: „Denk
mal dran, wie du heute Vormittag Frauchens
Schuhe zerkaut hast." Nach der Verhaltenskorrektur gilt sofort das Motto einer bekannten Fernsehmoderatorin: „Alles wird gut!"

Behauptet wird ...

... Jungtiere dürfen nichts alleine machen.
Alle Aktivitäten werden von den ranghohen
Tieren ständig kontrolliert.

Fakt ist ...

... Generell kann man sagen, dass Kaniden,
unabhängig vom Alter, sehr viel schlafen
und ein großes Ruhebedürfnis haben. Besonders Wolfseltern haben eine Gabe, auf

die so manche Zweibeiner-Eltern neidisch sein könnten: Sie haben gelernt, Energie zu sparen. Außerdem sind sie auch froh, wenn sie einfach mal ihre Ruhe haben und dösen und schlafen können. Währenddessen sind die Jungtiere öfter einmal alleine unterwegs, ohne Kontrolle durch die Eltern, und machen frühestens ab Ende des dritten Lebensmonats sogar Erkundungsausflüge, die bis zu drei Kilometer von den Erwachsenen wegführen können.

Bedeutung für den Hundehalter

Ein 24-Stunden-Animations- und Spaßprogramm ist nicht nur unnötig und extrem anstrengend für den Hundehalter, sondern sogar schlecht für den Schnösel, weil er zum seelischen Ausgleich auch viel Ruhe braucht. Wie überdrehte Kinder muss man Hunde manchmal zur Ruhe zwingen. Dann nehmen Sie gemeinsam eine Auszeit, nehmen den Kleinen auf den Schoß und halten ihn fest, bis er wieder ruhig geworden ist. Für Wolfseltern ist es selbstverständlich, dass die Schnösel sich individuell entwickeln. Und natürlich muss der Hund auch mal Hund sein dürfen. Sie brauchen ihn nicht ständig zu kontrollieren oder an ihm herumfuhrwerken mit „Mach dies, mach das". Ihr Hund muss auch einmal etwas eigenständig entscheiden dürfen.

Und genau hier liegt auch das Problem der Frühkastration (Kastration im Welpenalter, bei Hündinnen vor der ersten Hitze oder bei Rüden vor der Pubertät). Diese bewirkt genau das Gegenteil, da ein Hund nicht erwachsen werden kann und seine Persönlichkeit nicht entwickelt.

Fast immer reichen regelmäßig durchgeführte, einfache, klassische Spaziergänge aus, um den Bewegungsbedürfnissen von Hunden gerecht zu werden. Wenn wir dann unterwegs bei besonders temperamentvollen Tieren ein paar kleine gemeinsame Spieleinlagen einbauen, liegt der Hund abends ausgelastet in seinem Körbchen. Dieser Hund springt voller Begeisterung mit einem Objekt durch die Luft. Grundsätzlich gilt: Zwei ausgedehnte Spaziergänge zu jeweils etwa einer Stunde pro Tag reichen für den normalen Haushund aus, um ihn körperlich und geistig auszulasten. Wer dennoch ein Sportprogramm für und mit dem Hund gestalten möchte, kann dies natürlich tun, solange er nicht nur unbedingt sein eigenes Ego befriedigen will.

Behauptet wird ...

... Wölfinnen werfen ihre Welpen in Urin und Kot, wenn dieser in der Nähe des Baus liegt. Das erzieht zur Reinlichkeit.

Fakt ist ...

... Während der ersten vier Wochen, in denen die Welpen noch in der Höhle sind, frisst die Mutter den Kot auf, um den Bau sauber zu halten. Das wissen wir von Biologen, die Wolfshöhlen regelmäßig untersuchen, nachdem die Familie ins Rendezvousgebiet weitergezogen ist. Der Bau wird stets blitzsauber und ohne Kotreste vorgefunden. Außerhalb der Höhle haben wir eine Erziehung der Welpen zur Reinlichkeit noch nie beobachten können und bezweifeln, dass es eine solche überhaupt gibt.

Bedeutung für den Hundehalter

Leider steht immer noch in manchen alten Büchern und auch im Internet, dass man den Hund mit der Nase in Urin und Kot stecken soll, damit er so lernt, sauber zu werden. Dies ist absoluter Schwachsinn. Wer einen Welpen stubenrein bekommen möchte, muss ihn sehr aufmerksam beobachten und ihn kurz nach dem Fressen oder Trinken, vor allem aber nach dem Schlafen und Spielen auf den Arm nehmen und ins Freie tragen. Dabei bleibt es dem Mensch leider nicht erspart, anfangs auch nachts mehrmals aufzustehen, und seinen Welpen nach draußen zu führen. Nach der Erledigung des Geschäfts wird dann selbstverständlich gelobt.

Behauptet wird ...

... Nur die Alphas dürfen einen Welpen oder Schnösel disziplinieren, andere Erwachsene nicht. Tun sie es trotzdem, werden sie bestraft!

Fakt ist ...

... Nicht nur die Eltern, sondern auch andere erwachsene Tiere disziplinieren die Schnösel der Situation entsprechend. Wenn ein Jährling einen Welpen diszipliniert, halten sich die erwachsenen Wölfe raus. Dies hat nichts mit irgendeinem Rang, sondern mit der Situation zu tun. Das gilt auch, wenn es um die viel gerühmten Privilegien geht. So können beispielsweise sowohl Eltern als auch andere erwachsene Tiere die Individualdistanz einfordern.

Bedeutung für den Hundehalter

Es gibt einen gefährlichen Trugschluss, der besagt, dass der Hund sich von den Kindern der Familie alles bieten lassen muss, denn schließlich sind ja die Eltern ranghoch und entsprechend hoch stünden auch die Kinder über dem Hund. Dann ist die Verwunderung groß, wenn der Rangniedere sich wehrt und den „Ranghöheren" diszipliniert (Beispiel: Der Hund schnappt nach dem Kind). Generell gilt, dass sich Hunde von Kindern nicht alles bieten lassen müssen und sich wehren dürfen.

Auch Kinder müssen erzogen werden und lernen, Tiere zu respektieren. Selbstverständlich sind Kinder nicht generell ranghöher als Hunde. Ältere Teenager (14,

15 Jahre alt) dürfen natürlich auch einmal einen Hund *angemessen* disziplinieren, wenn es die Situation erfordert. Anders bei Klein- und Krabbelkindern. Da müssen die Eltern aufpassen und selbst Regeln setzen. Vorsicht! Die Aussage „Für unseren Hund lege ich meine Hand ins Feuer. Der ist so nett zu Kindern" kann sehr schnell dazu führen, dass man sich die Hand verbrennt.

Diese Mutter passt auf, während ihr Kleinkind sich mit dem Hund beschäftigt. In einer solchen Situation kann es aus Hundesicht auch einmal zu Beutestreitigkeiten kommen. Dann ist es selbstverständlich die Aufgabe der Eltern, dies zu regeln. Kinder und Hunde brauchen Regeln, und die müssen von den Erwachsenen bestimmt werden. Da es auch sehr viel unerzogene Kinder gibt, haben wir Erwachsenen die Verpflichtung, gemeinsame Regeln sowohl für die Kinder als auch für den Hund aufzustellen und auf deren Befolgung zu bestehen.

Behauptet wird ...

... Bei Wölfen gibt es einen generellen Welpenschutz.

Fakt ist ...

... Es gibt keine automatisierte Aggressionskontrolle Welpen gegenüber in Form einer Tötungshemmung (= Welpenschutz). Wenn überhaupt, beobachten wir innerhalb der Gruppe eine Tendenz wohlwollenden Verhaltens gegenüber dem *eigenen* Nachwuchs. Wir kennen keinen einzigen Fall, bei dem sich ein fremder Wolf einem jungen Welpen (bis zu fünf Monaten) genähert hat, und die Eltern dies zugelassen hätten. Deswegen können wir zum Welpenschutz in Bezug auf Fremdtiere keine Aussage machen

Bedeutung für den Hundehalter

Bei der Haltung mehrerer Hunde kann es vorkommen, dass ein Welpe von der Mutter geschützt wird, es aber ältere Hunde im Familienverband gibt, die Welpen gegenüber sehr barsch reagieren können. Wenn jemand mit einem Welpen spazieren geht und ein fremder Hund schnappt nach dem Kleinen, ist dieser Hund *nicht* verhaltensgestört. Hysteriker reagieren oft mit Geschrei: „Ist der Hund verhaltensgestört? Mein Hund hat doch noch Welpenschutz." Fakt ist: *Es gibt keinen generellen Welpenschutz.*
Deswegen unser Tipp: Schauen Sie sich die Körpersprache des herannahenden Hundes genau an. Nähert er sich mit einem Ausdrucksverhalten von aggressiver Gestik und

Mimik (zum Beispiel: aufgeplustert, steifbeinig oder drohend) oder schießt er in stromlinienförmiger Körpersprache pfeilschnell heran? Aggressive Hunde drücken Unmut oder Wut aus. Heranjagende Hunde hingegen reagieren auf ein Beuteschema, zum Beispiel dann, wenn ein Welpe panisch wegrennt. Deshalb gilt es, aggressives Verhalten und Beutefangverhalten deutlich zu unterscheiden. Nehmen Sie in dieser Situation auf keinen Fall den Welpen auf den Arm, sondern stellen Sie sich schützend vor ihn und jagen Sie den anderen Hund durch klare Gestik und Mimik lautstark fort. Siehe auch Kapitel „Gefahrenerkennung und Abwehr", S. 140.

Beispiel von frei lebenden Wölfen

Banff: Welchen Teil von „Nein" verstehst du nicht?

Schon vor über einem Jahrzehnt fiel uns zum ersten Mal auf, dass junge Wolfswelpen in drei verschiedenen Lebenslagen von den Erwachsenen korrigiert wurden:
1. Bei Ruhestörung: Normalerweise symbolisieren von der Jagd zurückkehrende Eltern für den Nachwuchs einen gedeckten Tisch. Und so fliegen sie regelrecht begeistert den Heimkehrern entgegen und betteln durch Maulwinkellecken und Schnauzstoßen um Futter. Einmal hatten die Erwachsenen Storm und Aster aber keinen Erfolg bei der Jagd. Die bettelnden Schnösel gaben nicht auf und versuchten weiterhin stürmisch, die genervten Eltern zu bedrängen. Misserfolg bei der Jagd und quengelnde Kinder – das war zu viel. Aster machte ihren Unmut deutlich, indem sie die Kleinen auf den

Wenn Welpen regelmäßig die Möglichkeit zum gemeinsamen Spielen und Interagieren haben, macht sich deren gute Sozialisation später im allgemeinen Umgang mit anderen Hunden positiv bemerkbar. Eine hundertprozentige Gewähr zur „generellen Verträglichkeit" – wie viele Menschen glauben, die Welpenspielstunden besuchen – kann es natürlich nicht geben.

Boden drückte. Sie lernten so, dass Mama oder Papa nicht immer mit gefülltem Einkaufskorb nach Hause kommen.
2. Ein anderes Mal stand „Action" auf dem Programmplan derselben Eltern, schloss aber nicht den Nachwuchs ein. Ein Schnösel wollte jedoch unbedingt dabei sein und versuchte immer wieder, seinem Vater Storm zu folgen. Mehrmals wurde er mit einem unmissverständlichen Knurren zurückgeschickt, was den Kleinen aber anfangs wenig beeindruckte. Schließlich drehte sich Storm um und schmiss den Junior auf den Boden. Der musste auf diese Weise lernen, dass er im Land der Pumas und Bären zumindest bis zu einem Alter von ungefähr drei Monaten besser im Höhlenbereich bleibt. Danach ging es dann unter der Führung der Elterntiere ins Rendezvousgebiet.

Hier parken die Alten gerne ihren Nachwuchs. Aster blieb oft zurück und passte alleine auf die Welpen auf, während Storm zur Jagd aufbrach. Manchmal rückten die Eltern aber auch gemeinsam aus. Dann sah sich der Nachwuchs gezwungen, ohne den Rückhalt der Alten zurechtzukommen.

3. Im selben Sommer beobachteten wir auch, wie der gemeine Schnösel das Wörtchen „Nein!" lernt. Der Unterricht lief folgendermaßen ab: Aster nahm ganz bewusst ein Fellstück auf. Dann legte sie sich hin und ließ es provokant fallen. Einmal, zweimal – bis einer der Welpen darauf aufmerksam wurde. Der raste dann auch völlig enthusiastisch los und wollte das neue Spielzeug mitnehmen. „Vergiss es und achte mal ein bisschen besser auf meine Körpersprache", sagte die Mama. „Wenn ich eine bestimmte Gesichtsmimik zeige, drohe, die Lefzen hochziehe und knurre, bedeutet das: Abstand halten!" Genau das schien dem Welpen aber nicht richtig klar zu sein. Dreist wollte er sich das Fellstück schnappen. Doch es folgte eine wichtige Lektion: Aster stieß blitzschnell vor und drückte den völlig verduzten Kleinen auf den Boden. Da lag er nun und jammerte. Langsam aber sicher kapierte er die Bedeutung eines gezielt vermittelten Abbruchsignals. Doch Aster war noch nicht fertig. Dies ging eine ganze Weile so, bis sie dem Welpen schließlich erlaubte, die begehrte Trophäe an sich zu nehmen. Vater Storm hielt sich während der ganzen Zeit aus der Interaktion zwischen Mutter und Sohn heraus und nahm mit Genugtuung zur Kenntnis, dass Aster alles unter Kontrolle hatte. Einen Tag später vermittelte Vater Storm seinem Zögling die gleiche Lektion.

Yellowstone: Ein ganz normaler Schnösel-Tag

Eine Gruppe Jungwölfe zu beobachten ist wie eine Mischung aus Krimi und Komödie. Man beißt Fingernägel, wenn sie in Schwierigkeiten geraten, und lacht Tränen über ihre Tollpatschigkeit. Schauen wir uns einmal einen ganz normalen Schnöseltag von sechs Agate-Welpen an.

Die Kleinen sind im Alter von nur vier Monaten voller Energie und schon am frühen Morgen putzmunter. Als die Eltern in der Morgendämmerung ins Rendezvousgebiet kommen, haben sie Fleisch mitgebracht. Mehrmals haben sie auf das begeisterte Betteln und Maulwinkellecken der Kleinen hin das Futter hervorgewürgt und den Frühstücksteller gefüllt. Jetzt sind sie erschöpft und legen sich ein Stück abseits der Welpen zur Ruhe.

Der Versuch, die Eltern und älteren Geschwister zum Spiel zu animieren, indem sie ihnen auf den Rücken klettern und in die Ohren beißen, wird mit einem Knurren beantwortet, und als die Kleinen nicht aufgeben, schließlich mit einem heftigen Schnauzgriff, welcher ein lautes Quieken der so Bestraften hervorruft, abgebrochen. Es folgt ein kurzes Verdauungsschläfchen der eng aneinander gekuschelten kugelrunden Wolfswelpen. Aber nur wenig später geht es wieder los. Einige Schnösel sind gelangweilt. Sie laufen suchend umher, greifen sich ein paar Stöckchen auf, die sie in die Luft werfen, oder ziehen gemeinsam an einem Fellstück.

Einer der kleinsten Welpen macht seine ersten Jagdübungen. Er hat einen Fischreiher entdeckt, der ein Stück weiter in der Wiese steht. Vorsichtig schleicht er sich an den Vogel heran, der ihn die ganze Zeit nicht aus den Augen lässt. Als Wölfchen zu nahe kommt, hebt der Reiher graziös ab und hinterlässt einen verblüfften kleinen Wolf, der nun auf einen Felsen klettert und „Felsenkönig" spielt. Aber so alleine macht das Spiel auch keinen Spaß. Also geht es wieder zurück zu den Geschwistern. Die wollen nun endlich etwas erleben und ziehen los, an den tief und fest schlafenden Erwachsenen vorbei, ins Hinterland. Den „Felsenkönig" verlässt nach ein paar Hundert Metern der Mut, er bleibt zurück, besteigt einen neuen Felsen und legt sich schmollend darauf, während er der kleinen Karawane nachschaut.

Die Abenteurer haben einen mächtigen Spaß miteinander. Sie trödeln herum, jagen sich entweder gegenseitig oder ein paar vorwitzige Erdhörnchen, die aus ihrem Bau hervorschauen. Dann spielen sie Fangen. Einer beginnt, indem er den Schwanz einklemmt und losschießt, während die anderen ihm nachlaufen und ihn umrennen. Dann werden die Rollen gewechselt und das Spiel geht weiter. Irgendwann einmal hören sie damit auf und marschieren schnurstracks nach Westen. Sie sehen aus wie eine kleine Welpenparade, es fehlt nur noch die passende Marschmusik. Die Schnösel verschwinden im Wald.

Sie sind schon lange Zeit fort, als die Eltern wach werden. Die stehen auf, strecken sich, begrüßen sich und die ebenfalls wach werdenden älteren Kinder durch Schnauzelecken und Schwanzwedeln. Dann vermisst Mama Wolf die Babys und heult nach ihnen. Keine Antwort. Sie heult mehrmals, immer noch keine Reaktion. Schließlich fängt sie an, zu suchen und läuft überall hin, riecht hier und da, läuft weiter, heult und sucht. Anscheinend hat sie die restliche Familie alarmiert, denn nun suchen alle mit.

Papa Wolf macht sich auf den Weg und nimmt die Spur der Kleinen auf. Kurz vor dem Wäldchen, in dem alle verschwunden sind, hält er an und heult. Wenig später schießen fünf kleine Fellknäuel durch die Bäume hervor, alle überglücklich, dass Papa da ist. Mit ihm an der Spitze zieht die kleine Karawane wieder nach Hause zurück zur Mutter, die die Heimkehrer erleichtert und überschwänglich begrüßt.

Die Kleinen schlafen an diesem Abend fest. Es war ein aufregender Tag. Wir haben ausgerechnet, dass sie mindestens vier Kilometer alleine unterwegs waren.

Beißhemmung

Beißhemmung ist ein durch einen Lernprozess bedingter und auf Vorsicht vor Unannehmlichkeiten beruhender Mechanismus, der Hemmungslosigkeit stark mindert und natürlich auch Verletzungen weitestgehend verhindert.

Die Welpen lernen durch ihre Rangeleien beispielsweise, wenn sie den anderen schmerzhaft ins Ohr beißen, dann beißt der noch schmerzhafter zurück. Also empfiehlt es sich, beim nächsten Mal sanfter vorzugehen.

Hundewelpen, die in der entscheidenden Entwicklungsphase keine Beißhemmung lernen durften, weil der Mensch das Gerangel als zu „unwirsch" betrachtet, haben später im Umgang mit Artgenossen sehr oft Probleme, sich in eine soziale Gruppe einzufügen.

Spiel als Lern- und Trainings-
einheiten

Behauptet wird …

… Tiere spielen nicht, besonders Alttiere nicht, da sie sonst ihren hohen sozialen Rang im Rudel verlieren.

Fakt ist …

… Das Spiel hat eine Menge Funktionen, beispielsweise körperliche Trainings- und Übungsfunktion durch leichte Überforderung des Muskelapparates, Aktivierung von Herz-, Kreislauf und Gehirn, oder eine soziale Funktion durch Verbesserung und Intensivierung von sozialen Beziehungen. Die kommunikative Funktion des Spiels dient dem Signalaustausch zum Erlernen von Selbstkontrolle. Und schließlich liegt dem Spiel auch eine Lernfunktion durch Lustbetonung zugrunde, es kommt zur Ausschüttung von Glückshormonen.

Tiere können generell nur in entspanntem Lebensraum und sozialem Umfeld spielen. Spiel basiert im Wesentlichen auf deutlich erkennbaren Signalankündigungen wie dem Zickzack-Laufen, der Vorderkörpertiefstellung, dem Kopf-Schleudern und dem Auf-dem-Boden-Rollen. Diese Signale unterstreichen den Willen zur Aufrechterhaltung der Spielstimmung.

Wölfe verschaffen unsicheren Spielpartnern die Möglichkeit, ein Selbsthandicap überwinden zu lernen. Sie geben dem Mitspieler so die Gelegenheit, Schritt für Schritt ein wenig selbstsicherer zu werden.

Wolfseltern spielen sehr häufig mit dem Nachwuchs und streuen dann gezielt Abbruchsignale ein, wenn dieser mal wieder hemmungslos übertreibt. Wölfe spielen aber auch untereinander, um Rituale einzu-

üben und den Gruppenzusammenhalt zu festigen. Insbesondere Paare, die sich neu gefunden haben, spielen zur Festigung ihrer neuen Bindung am häufigsten miteinander. Von allen sozialen Kaniden (wie zum Beispiel Afrikanischer Wildhund, Asiatischer Rothund, Wolf) scheinen Wölfe am verspieltesten und am wenigsten aggressiv zu sein. Andere Kaniden wie Schakal, Kojote oder Fuchs sind eher Frühentwickler und wandern wegen der häufig aggressiven Spannungen tendenziell früher ab als Jungwölfe. Wölfe sind in dieser Hinsicht eher Spätentwickler. Aber hier fehlt zu einem präzisen Vergleich noch quantitativ aussagekräftiges Datenmaterial.

Bedeutung für den Hundehalter

Zur Beziehung Mensch-Hund gehört das soziale Spiel als Lebenselixier dazu. Hundehalter dürfen und sollen unbedingt mit ihren Hunden herumalbern. Das soziale Spiel zwischen Mensch und Hund ist beziehungsfördernd, ebenso wie das Einüben und Etablieren von Ritualen. Hund und Mensch lernen von klein auf gegenseitig den jeweiligen Handlungsspielraum kennen. Um Hemmungslosigkeit zu stoppen, müssen Abbruchsignale Teil des Sozialspiels sein.

Noch ein Tipp: Sehen Sie Ihren Hund mit übermütigen und übertriebenen Bewegungsmustern, beispielsweise heftigem Propeller-Schwanzwedeln zickzack laufen oder den Vorderkörper absenken, dann wissen Sie recht zuverlässig, dass er jetzt in Spielstimmung ist. Was folgt, ist das gemeinsame Spiel.

Behauptet wird ...

... Spiel hat immer etwas mit dem Testen um eine Rangposition und mit Statusbekundung zu tun.

Fakt ist ...

... Ranghohe Tiere begeben sich häufig bewusst in eine unterlegene Position, um ihre Spielabsicht kundzutun. Das dient auch der Einübung des Rollentausches, und die Beteiligten lernen, gegenseitig die Handlungsspielräume der Familienmitglieder einzuschätzen. Und schließlich dient Spiel noch dem Erkennen und der Einsicht von Fairnessregeln. Beim Einüben von Ritualen zum „Fair Play" lernen Kaniden schon vom Welpenalter an, was erlaubt ist und was nicht, und welche sozialen Erwartungen und Vorstellungen ihre Spielpartner haben. Sie erfahren, dass die Möglichkeit besteht, verletzt zu werden, wenn sie sich nicht an diese Regeln halten, entsprechend dem Sprichwort: „Was du nicht willst, das man dir tu', das füg' auch keinem andern zu."
Außerdem lernen sie schnell und nachhaltig, dass ihr Gegenüber die Lust am Spiel verliert, wenn sie zu rau und rücksichtslos sind.
Und noch etwas: Die Behauptung, Kaniden hätten kein Bewusstsein für Spiel, ist nachweislich falsch. Wie die Studienergebnisse aus der modernen Hirnforschung zweifelsfrei belegen, handeln Kaniden durchaus gefühlsbetont, indem sie sich in die emotionale Lage ihres Gegenübers hineinversetzen. Sie sind also unbestritten in der Lage, Empathie zu empfinden (siehe auch S. 72).

Junge Hunde testen im Spiel ganz individuell Grenzen und Durchsetzungsvermögen aus. Dadurch lernen sie, sich auf Hundeart zu unterhalten. Je nach Agilität, Willensstärke oder Temperament kann es dabei durchaus auch einmal rauer zugehen.

Bedeutung für den Hundehalter

Spiel kann schon allein deshalb nicht statusbedingt sein, weil auch kranke und gebrechliche Menschen ohne große Regeln mit dem Hund spielen können, obwohl er ja gerade dann die Möglichkeit hätte, den schwächeren Menschen zu dominieren – was er nicht tut.
Hundehalter werden oft gewarnt, sich keinesfalls beim Spiel auf die Erde zu legen, während ihr Hund auf ihnen herumtrampelt. Keine Sorge, das dürfen Sie sich erlauben. Probieren Sie aus, ob der Hund sich im Spiel auch umdrehen und auf den Rücken legen lässt. Wenn das nicht geht, sollten Sie versuchen, einen Rollentausch einzuüben oder im Bedarfsfall einen Fachmann konsultieren.

Behauptet wird ...

... Dem Spiel liegt immer ein besonderes Triebverhalten zugrunde.

Fakt ist ...

... Einen speziellen Spieltrieb gibt es nicht, weil im Spiel typischerweise Elemente aus unterschiedlichen Verhaltenskategorien bunt durcheinandergewürfelt werden, zum Beispiel: Sexualverhalten (= Aufreiten), Kampfverhalten (= gegenseitiges Aufstellen mit Maulringen), Beutefangverhalten (= in die Beine grapschen), Pflegeverhalten (= Backenknautschen und Ohrenzwicken).

Bedeutung für den Hundehalter

Die Befürchtung, dass dem Spiel zum Beispiel auch Sexualverhalten zugrunde liegt, könnte berechtigt sein. Es gibt durchaus Hunde, die statt wirklich zu spielen, ständig aufreiten oder das Bein des Menschen umklammern. Wenn dies der Fall ist, dann empfehlen wir, das Geschehen sofort durch ein klares Abbruchsignal entsprechend

Solange bei zwischenzeitlichen „Kampfeinlagen" im Spiel klar und deutlich kein Ernstbezug erkennbar ist, sollte man sich als Mensch abseits stellen und nichts tun. Auch Kampftechniken müssen lange geübt und ritualisiert werden, bis gelernt wurde, dass sie Bestandteil von Spielverhalten sind. Wenn Hunde keine Möglichkeiten haben, spielerisch zu kämpfen, fehlt eine wichtige Komponente des gegenseitigen Einschätzens.

der Intensität des Verhaltens zu unterbrechen. Wenn sich der Hund beim Spiel nur auf die sexuelle Handlung beschränkt, suchen Sie zur Überprüfung des Hormonhaushaltes einen Tierarzt auf.

Behauptet wird ...

... Wild lebende Tiere spielen nicht, weil sie sonst zu viel Energie verlieren.

Fakt ist ...

... Wolfseltern spielen bei Nahrungsengpässen sehr viel seltener miteinander, wohl wissend, dass sie Energie sparen müssen – im Gegensatz zu den Welpen, die trotz Engpässen weiterspielen, weil ihnen nicht klar ist, was als Nächstes passieren kann.

Bedeutung für den Hundehalter

Die Energiebilanz spielt in der Mensch-Hund-Beziehung keine Rolle. Unsere Hunde sind in dieser Hinsicht durch regelmäßige und leider oft viel zu reichhaltige Fütterung eher überversorgt und müssen sich um die Energieeinteilung absolut keine Gedanken machen.

Behauptet wird …

… Zerrspiele sind ein Anzeichen von Dominanz.

Fakt ist …

… Beim Zerrspiel „gewinnt" normalerweise der Hartnäckigste und zwar völlig unabhängig von Rang und Geschlecht. Dies hat keine Bedeutung für die Dominanz. Vorsicht: Diese Aussage gilt nicht bei gestörten Beziehungsverhältnissen!

Sehr beliebt ist in Schnöselkreisen ein Spiel, das im Englischen unter dem Namen „King of the Castle (Schlosskönig)" oder „King of the Rock (Felsenkönig)" bekannt ist, wobei ein Spielpartner eine Anhöhe „besetzt" und zu verhindern versucht, dass die anderen hochkommen.

Ist eine Mensch-Hund-Beziehung nicht grundsätzlich gestört, sind auch Zerrspiele ganz normal. Ob der Hund mit dem Spielzeug zu uns kommt und es uns bringt, oder ob wir umgekehrt ihn zum Zerren verlocken, spielt in einer gefestigten Mensch-Hund-Beziehung überhaupt keine Rolle.

Auch wenn zwischen Jung und Alt im Spiel grundsätzlich Rituale eingeübt werden, lassen erwachsene Hunde junge Tiere gelegentlich bewusst gewinnen, um sie „bei Laune" zu halten.

Bedeutung für den Hundehalter

Zerrspiele sind erlaubt, ohne dass Sie befürchten müssen, die vermeintliche „Alphakrone" zu verlieren. In gestörten Mensch-Hund-Beziehungen kann es sein, dass ein Hund versucht, sich permanent durchzusetzen. Dann gelten andere Regeln. Hier müssen Sie das Spiel unterbrechen, indem Sie ganz einfach mit dem Ziehen aufhören, sich umdrehen und gehen. Ihr Hund muss lernen, dass immer, wenn er versucht, sich mit Zerren durchzusetzen, sein Spielpartner aufhört, und er mit seinem Verhalten keinen Erfolg hat.

Behauptet wird ...

... Wolfseltern starten und beenden immer das Spiel, damit sie ranghoch bleiben.

Fakt ist ...

... Spieleröffnung und Beendigung sind völlig flexibel und ebenfalls nicht an Rang und Geschlecht gebunden. Einmal eröffnet ein Elterntier regelrecht albern das Spielgeschehen, ein anderes Mal ein Jungtier. Spielt ein Tier zu rau, bricht der Spielpartner ab, indem er sich tot stellt oder weggeht.

Bedeutung für den Hundehalter

Ist die Beziehung zwischen Mensch und Hund nicht gestört, spielt es keine Rolle, wer ein Spiel eröffnet und wer aufhört. Hunde müssen aber auch nicht unbedingt

Oft wird behauptet, dass Hunde nach dem Fressen nicht spielen dürfen, da zwangsläufig eine Magendrehung zu befürchten ist. Diese These können wir nicht bestätigen. Jedoch sollten Hunde nach der Fütterung nicht zu übermäßigen Aktivitäten animiert werden, sondern selbst entscheiden, was sie tun.

gezwungen werden zu spielen. Es gibt tatsächlich Hunde, die durch ihre Lebensumstände nie gelernt haben, ungezwungen zu interagieren und zu spielen und hinterlassen eher einen „Null Bock"-Eindruck. Häufig handelt es sich hier um ehemals verunsicherte Straßenhunde, deren Leben daraus bestand, sich durchzusetzen und sich auf das nackte Überleben zu konzentrieren. Das sind Individuen, die aufgrund mangelnder Sozialisation mit dem Menschen nie ein Vertrauensverhältnis erfahren haben.

Behauptet wird ...

... Kaniden spielen grundsätzlich nicht nach dem Fressen, da die Gefahr einer Magendrehung besteht. Haben sie ein Tier erlegt und große Mengen Fleisch gefressen, dann wissen Sie instinktiv, dass es nach diesem opulenten Menü nicht angebracht ist zu spielen, und verhalten sich auffallend passiv.

Fakt ist ...

... Wenn Wölfe einen Kadaver verdrücken, können sie im ersten Menügang bis zu zehn Kilogramm Fleisch verschlingen. Wenn sie sich dann überhaupt noch bewegen können, sehen sie aus wie ein „Bierfässchen auf vier Stelzen". Normalerweise wird der erste ausführliche Menügang mit einer ebenso ausführlichen Siesta in unmittelbarer Nähe des Kadavers beendet. Danach gehen die Wölfe immer wieder zum Fressen, je nach Nahrungsbedarf. In den folgenden Gängen schlagen sie sich die Bäuche nicht mehr so voll, dann spielen sie auch wieder und das sogar ausgelassen und ausgiebig.

Bedeutung für den Hundehalter

Uns sind von wild lebenden Kaniden keine Magendrehungen bekannt. Beim Hund bestehen Rassedispositionen, außerdem spielen die Straffheit der Magenbänder, die Länge und Breite des Brustkorbs, die Art der Nahrung und weitere Faktoren eine Rolle.

Gestresste Hunde zum Beispiel, die sehr schnell fressen, trinken oder auch sehr viel Kläffen, schlucken mehr Luft und können je nach Typ Magendrehungen bekommen. Das Füttern von Trockenfutter nur einmal am Tag oder das Füttern einer einzigen sonstigen großen Mahlzeit werden ebenfalls oft mit Magendrehungen in Verbindung gebracht, insbesondere wenn das Trocken-

futter Zitronensäure enthält und vorher angefeuchtet wird. Gärt das Futter durch besondere Umstände, kann es ebenfalls ein Risiko für den Hund bedeuten. Laut einigen Studien kann der veränderte Luftdruck bei einem nahenden Gewitter in Wasser eingeweichtes Trockenfutter zum Gären bringen. Zum Thema „Magendrehungen" gibt es zahlreiche Untersuchen, die sich teilweise auch widersprechen. Das Fazit lautet bedauerlicherweise: Nichts ist geklärt und keiner weiß Bescheid.

Behauptet wird …

… Wenn Wölfe etwas Neues gelernt haben, spielen sie danach nie, damit sie das Gelernte nicht wieder vergessen.

Nach vielen Jahren im Umgang mit Hunden können wir bestätigen, dass der Wechsel zwischen konzentrierten Trainingseinheiten und zwischenzeitlichem Spiel keinen negativen Einfluss auf das Lernverhalten von Hunden hat. Wichtig: Zwischen den Übungen müssen immer wieder einmal Ruhepausen eingelegt werden, damit die Kleinen nicht permanent aufdrehen, sondern regenerieren können.

Fakt ist ...

... Wölfe lernen ständig und in jeder Lebenssituation. Würden sie nach jedem Lernen nicht mehr Spielen, um das Erlernte nicht zu vergessen, wären sie wahrscheinlich arm dran. Lernen und Spiel sind eine funktionale Einheit. Beides hat unter anderem etwas mit dem Erkundungswillen zu tun, also mit der Bereitschaft, offen und unvoreingenommen vielerlei Erfahrungen zu sammeln und im Gehirn zu speichern.

Bedeutung für den Hundehalter

Schlafforscher kamen bei einer Studie über das Lernverhalten von Menschen zu dem Ergebnis, dass man das, was man vor dem Einschlafen lernt, besser behält, weil es das Gehirn durch die Ruhe in der Nacht besser abspeichern kann.

Daraus kann jedoch nicht der Schluss gezogen werden, dass Hunde nach einer Trainingsstunde, in der sie etwas Neues gelernt haben, nicht mehr miteinander spielen dürfen, weil sie sonst das Gelernte wieder vergessen. Hierzu ist nochmals zu sagen: Spiel ist Trainings- *und* Lernzeit. Nach dem ernsthaften Training folgt die Entspannung. Sozusagen als Belohnung für getane Arbeit wird im gemeinsamen Spiel eine gelöste Stimmung übertragen. Man drückt Zufriedenheit aus.

Beispiel von frei lebenden Wölfen

Banff: Was dein ist, ist auch mein

Wie verspielt Wölfe sind, konnten wir im Sommer 1994 beobachten. Die Bowtal-Familie hatte ihre Höhle (die ursprünglich einem Kojotenpaar gehört hatte) nur 150 Meter von einem Campingplatz entfernt, ausgegraben und erweitert. Hier zog sie ihre Welpen auf. Mindestens drei Mal pro Woche marschierte eine junge Babysitterin ganz gezielt in der Dunkelheit zum Campingplatz, stahl den Touristen entweder einen Baseball, ein Kissen oder einen Rucksack und schleppte die Gegenstände zur Höhle. Dort angekommen waren die Welpen vom neuen Spielzeug hellauf begeistert. Gemeinsam mit der Babysitterin machten sie sich daran, die Gegenstände ausgiebig zu untersuchen und in ihre Einzelteile zu zerlegen. Nach einiger Zeit sah es rund um die Höhle mehr wie auf einem Schlachtfeld aus. Diese Angewohnheit wurde zu einer Art Familienbeschäftigung. Alle Welpen spielten mit irgendwelchem Zivilisationsmüll und versuchten, sich gegenseitig eine Softdrinkdose oder ein Stück Schlafsack abzuluchsen. Auch die Elterntiere beteiligten sich an der Zerstörungswut. Wochenlang hielten sich die Wölfe in der Nähe der Camper auf. Selbst im Herbst, als die Schnösel größer wurden, kam die ganze Wolfsfamilie noch mehrmals zu ihrem ganz speziellen Abenteuerplatz zurück. Wieder suchten die Wölfe gezielt nach Spielgegenständen, die sie zerrupfen konnten. Eines Tages stand ein Autoreifen an einem Baum. Den musste zuvor ein Tourist nach einem Reifenwechsel abgestellt haben. Der nebenan geparkte Geländewagen beeindruckte die Wölfe in keiner Weise. Schnurstracks liefen sie zu dem Reifen und beschnupperten ihn kurz. Dann ging es richtig los. Ein schwarzer Wolf packte zu und übte Beuteschütteln. Das war das Startzeichen für den Rest der Familie. Im Nu war man sich einig und die Wölfe rissen schon die ersten Stücke aus dem Reifen. Es dauerte keine halbe Stunde, bis die Einzelteile weit verstreut in der Landschaft herumlagen. Die Reaktion der Touristen konnten wir leider nicht beobachten.

Yellowstone: Zum Spielen ist man nie zu alt

Ich werde nie müde, den Wölfen beim Spiel zuzuschauen. Sie spielen miteinander oder auch alleine, und sie spielen in jedem Alter. Auch alte Leitwölfe sind sich dafür nicht zu schade. Wolf 21M, der alte, mächtige Druid-Chef, der gerne seine Ruhe hatte, war auch mit acht Jahren noch so gut drauf, dass er immer wieder gerne mit seinem Sohn spielte und ihn dann auch noch gewinnen ließ. Der Jährling spielte „Ringen" mit ihm, zog ihn an der Halskrause, kickte ihm die Beine weg, warf ihn auf den Boden und stellte sich forsch über den Herrn Papa. Dieser befreite sich aus der Position, um sich kurz darauf wieder auf den Boden werfen zu lassen. Das ging eine ganze Weile so. Vermutlich war dies auch eine Art Trainingslektion, bei der Sohnemann erfahren konnte, wie es ist, gegen einen viel größeren und stärkeren Wolf zu kämpfen und ihn zu besiegen. Aber Wölfe spielen auch um des Spielens willen. Besonders im Schnee scheint es ihnen Spaß zu machen. Immer wieder kann ich in Yellowstone beobachten, wie die Wölfe (jung und alt) einen schneebedeckten

Hügel hinauflaufen und sich oben auf die Seite oder den Rücken rollen und den Berg hinunterrutschen. Dann geht es wieder hinauf und die fröhliche Schlittenfahrt wird fortgesetzt. Auch die Alten machen hier mit, aber den größten Spaß haben die Schnösel. Sie sind unermüdlich.

Ein anderes beliebtes Spiel ist, das Eis auf einem See oder einem Fluss zu zerbrechen. Dabei stellen sich die Wölfe auf einen frisch zugefrorenen See und springen mit den Vorderpfoten so lange auf das Eis, bis es zerbricht. Oder sie schlittern gemeinsam über die gefrorene Fläche, was einer Mischung aus Eiskunstlauf und Autoscooter gleicht. Eine Gruppe Schnösel rennt auf das Eis, schlittert ineinander, rempelt sich an, springt übereinander und rutscht weiter, bis sie die Pfoten wieder unter Kontrolle haben. Dann beginnt das Ganze von vorn.

Auch Verstecken habe ich schon beobachten können. Ein Wolf versteckt sich in einer Senke oder hinter einem kleinen Hügel. Vorsichtig lugt er nach oben, was der Mitspieler macht und duckt sich sofort wieder. Der andere Schnösel sucht (oder gibt vor zu suchen), und wenn er in die Nähe des Versteckten kommt, springt dieser heraus und „erschreckt" ihn. Dann beginnt eine wilde Verfolgungsjagd.

Als Spielzeug eignet sich eigentlich alles. Vom Stöckchen über alte Knochen und Fellreste bis zu einer armen Maus, die zur falschen Zeit am falschen Ort ist. Besonders interessant sind jedoch Gegenstände, die Menschen hinterlassen haben. Bei Straßenbauarbeiten vergaßen die Arbeiter einige orangefarbene Hütchen, die von einer Gruppe Schnösel begeistert mitgenommen wurden. Sie schleiften sie fort, sprangen darauf herum, warfen sie in die Luft und zerschredderten sie schließlich in kleine, handliche Stücke.

Das erstaunlichste Spiel, das Wölfe initiierten, konnten wir einmal im Herbst beobachten. Offensichtlich war alles vorhandene Spielzeug langweilig geworden. Da fiel den Wölfen ein, sich Tannenzapfen vom Baum zu pflücken. Sie stellten sich auf die Hinterbeine und machten sich ganz lang, um an die Zapfen zu kommen. Als sie sie abgeknabbert hatten, wurden diese wie Pingpong-Bälle in die Luft geworfen, aufgefangen oder den Hang hinuntergekugelt. (Spiel-)Not macht eben erfinderisch.

Wozu spielen Tiere?

Vielerorts wird leider immer noch bestritten, dass Tiere spielen. Stattdessen wird behauptet, dass es sich bei allen „spielerisch anmutenden Interaktionen" um Verhaltensweisen handelt, die nichts anderes als status- oder rangbezogenes Testen darstellen.

Aber: Spiel steht eben nicht mit unmittelbaren Überlebensstrategien in Verbindung wie zum Beispiel der Nahrungssuche, der Aufzucht von Jungen oder der Paarung. Außerdem wird beim Spiel Energie verbraucht, jedoch längst nicht so viel, wie immer angenommen wird. Untersuchungen von Kim Caro an Hauskatzen und Geparden lassen vermuten, dass selbst intensiv spielende Jungtiere maximal drei bis fünf Prozent ihrer Tagesenergie durch das Spiel verbrauchen.

Ähnliches kann man auch für Kaniden vermuten. Spiel ist zwar energieineffizient, aber für ein soziales Gruppenleben unabdingbar.

Kommunikation: Der Stoff, der den Laden zusammenhält

Kommunikation besteht aus verschiedenen Formen. Wir nutzen visuelle, akustische (Beispiel: Heulen), chemische (Beispiel: Markieren) und taktile (Beispiel: Berühren) Kommunikationsmittel, um Körpersprache und Ausdrucksverhalten zu beurteilen. Wölfe kommunizieren nie über den Austausch von nur einem Signal, sondern nutzen die komplette Körpersprache in ihrem Zusammenhang. Als Beobachter ist es wichtig, die Gesamtheit der Signale zu beurteilen – so wie es auch die Wölfe tun. Kommunikation ist wichtig, um eine gegenseitige Verständigung herzustellen. Jedes Mitglied der Gruppe lernt über die Kommunikationsrituale, wo sein Platz in der Familie ist und welche Aufgaben gerade zu verrichten sind oder eben nicht.

Bedeutung für den Hundehalter

Die Kommunikation mit unserem Hund darf nicht nur unseren Bedürfnissen dienen, sondern soll vielmehr in unserer Mensch-Hund-Beziehung eine Hilfe für das Tier sein. Grundsätzlich gilt: Der Hund ist ein Nasentier und orientiert sich in erster Linie an Gerüchen. Für Sie als Hundehalter bedeutet das, dass Sie Ihren Hund nicht austricksen können. Wenn Sie beispielsweise wütend sind und Bello gegenüber freundlich tun, wird er merken, dass hier irgendetwas nicht stimmt und die Kommunikationsformen nicht zusammenpassen, weil sich ihr Parfum „Wütend" durch ihre Hautporen ausdrückt.
Dasselbe gilt, wenn wir beispielsweise so tun, als hätten wir keine Angst vor einem Hund. Dieser riecht jedoch deutlich unsere

Furcht durch die Ausdünstungen und merkt, dass zwischen dem coolen Gehabe und dem Geruch etwas nicht stimmt. Hunde können also tatsächlich Angst riechen! Alle vier Formen der Kommunikation müssen also zusammenpassen, aufeinander abgestimmt sein und glaubhaft vermittelt werden.

Visuelle Kommunikation

Behauptet wird ...

... Ranghohe Wölfe benutzen Beschwichtigungssignale, um einen Beitrag zur Deeskalation in der Gruppe zu leisten.

Fakt ist ...

... Die beiden Begriffe „Beschwichtigungssignale" und „Beruhigungssignale" werden immer wieder verwechselt oder aber falsch interpretiert und verwendet. Hier noch einmal zum besseren Verständnis die Erklärung (siehe auch S. 116):
Beruhigungssignale (= calming signals) senden ranghohe Tiere gegenüber rangniederen und gegenüber dem Nachwuchs aus, um auf diese Weise zur allgemeinen Beruhigung einer Situation beizutragen. Beschwichtigungssignale (= appeasement signals), die man im Allgemeinen auch als „Unterwürfigkeitsbekundungen" kennt, sind das genaue Gegenteil. Rangniedere senden sie gegenüber Ranghöheren aus. Fazit: Rangniedere Wölfe zeigen gegenüber ranghohen Wölfen Beschwichtigungssignale, ranghohe Tiere gegenüber rangniederen Beruhigungssignale.

Dieser Welpe zeigt gegenüber dem Alttier Beschwichtigungsverhalten durch ansatzweises Maullecken. Auch wenn Welpen häufig Beschwichtigungssignale gegenüber den Erwachsenen zeigen, kann es ihnen trotzdem passieren, dass sie von den Alten eine „aufs Dach" bekommen, wenn sie zu viel „herumschleimen". Eine andere Reaktion der Erwachsenen auf die „Nervensägen" kann auch sein, gar nichts zu tun oder den Kopf wegzudrehen. Dann wären dies Beruhigungssignale im Sinne von „cool down!"

Gähnen wird oft als Beschwichtigungssignal angesehen, obwohl es zahlreiche unterschiedliche Verhaltensweisen ausdrücken kann, von Müde-Sein oder Unsicherheit bis hin zur Untermalung eines beschwichtigenden Verhaltens. Wie die Untersuchungen von Mira Meyer an verwilderten Haushunden und unsere eigenen Studien über Jahrzehnte an rund einem Dutzend frei lebender Wolfsfamilien belegen, gähnen Kaniden oft ohne jegliche Präsenz eines Interaktionspartners. Dann liegt keine konfliktträchtige Situation vor und somit auch kein Grund für Beschwichtigung. Hier gähnt Wildhund Bello vor dem Einschlafen, weil er einfach müde ist.

Bedeutung für den Hundehalter

In unerwarteten, überraschenden Lebenslagen haben Sie als Hundehalter die Pflicht zur Entschärfung der Situation. Senden Sie Beruhigungssignale aus, um dem Hund anzudeuten, dass alles in Ordnung ist. Beispiel: Sie kommen beim nächtlichen Gassigang um eine Ecke und es steht eine Mülltonne dort, wo früher keine war. Der Hund schreckt zurück, stellt die Nackenhaare und knurrt. Sie gehen völlig gelassen und mit neutraler Körperhaltung weiter. Ohne zu stoppen, gehen Sie auf die Mülltonne zu. Vermeiden Sie dabei, den Hund zuzulabern: „Das ist nicht gefährlich" oder „Du brauchst keine Angst zu haben". Berühren Sie die Mülltonne und lassen Sie Bello daran schnuppern. Jetzt weiß Ihr Hund, dass Sie die Situation im Griff haben und er sich nicht darum kümmern muss, er wäre damit überfordert. Es macht allerdings grundsätzlich wenig Sinn, als Mensch gegenüber seinem Hund Unterwerfungssignale zu vermitteln. Sie werden von ihm einfach nicht verstanden und sind vielleicht auch noch kontraproduktiv. Beispiel: Sehr beliebt ist das „gemeinsame Gähnen". So wird empfohlen, wenn der Hund gähnt, sich – ebenfalls gähnend – neben ihn zu hocken, um damit innige Verbundenheit auszudrücken. In Wirklichkeit kommt eine solche Reaktion beim Hund ganz anders an, überspitzt gesagt etwa so: „Ok, lieber Gruppenführer, du weißt also jetzt auch nicht, was gerade los ist." Oder einfach auch: „Aha, Herrchen ist auch müde." Unterwerfungssignale gegenüber Ihrem Hund werden also vom Hund nicht verstanden.

Eine Ausnahme gilt während des Rollentauschs beim gemeinsamen Spiel, denn hier soll ja der Ranghohe bewusst hin und wieder in eine unterlegene Rolle schlüpfen, um deutlich Spielbereitschaft zu signalisieren. Noch ein besonderer Tipp zum Thema „Gähnen": Wir empfehlen den wunderbaren Artikel von Irenäus Eibl-Eibesfeldt „Wieso ist Gähnen ansteckend?"

Beschwichtigungs- und Beruhigungssignale

Die Thematik der Beschwichtigungs- und Beruhigungssignale ist äußerst komplex. Signale dürfen nicht einzeln für sich betrachtet werden, sondern müssen sowohl im Zusammenhang mit der kompletten Körpersprache als auch in einem verhaltensökologischen Kontext gesehen werden.

Hier nur einige Beispiele der verschiedenen Signale:

Beschwichtigungssignale
- Sich klein machen, Kopf und/oder Körper absenken
- Pföteln in unterwürfiger Körperhaltung, angelegte Ohren
- Maulwinkellecken/Schnauzenstoßen
- Demutsgesicht/Blick absenken

Beruhigungssignale
- Kopf wegdrehen und Blick abwenden in neutraler jedoch souveräner Körperhaltung
- Pföteln als Spielaufforderung
- Schnauzenzärtlichkeiten, Ohren-Lutschen (unter Hunden)
- Maul bzw. Mund öffnen, Lächeln

Behauptet wird ...

... Rangniedrige Wölfe mucken nie auf und zeigen nie Drohsignale.

Fakt ist ...

... In einer Wolfsfamilie hat jeder rangniedere Wolf – unabhängig von seinem sozialen Status – das Recht zum Protest durch Nasekräuseln, Brummen oder Leerschnappen. Dieser Protest wird von den Ranghöheren meist weder beachtet noch kommentiert.

Bedeutung für den Hundehalter

Hunde müssen defensive Drohsignale (Brummen, Knurren, Lefzenheben) gegenüber anderen Hunden ausdrücken dürfen, um sich ihrer Art gemäß verständlich zu machen.
Aber Vorsicht! Diese Regeln gelten hauptsächlich für Hunde, die sich kennen. Einander fremde Tiere können häufig bestimmte Zwischenstufen weglassen und direkt vom ersten Knurren zum massiven Angriff übergehen („vergröberte Kommunikationsform"). Ganz im Gegensatz zu Hunden, die sich kennen, und die kurze Zeit später wieder miteinander kooperieren müssen, haben fremde Hunde nichts miteinander zu tun und können entsprechend schnell angreifen. Wenn Sie als Hundebesitzer Ihren Hund schimpfen und ihm passt das nicht, darf er dies auch einmal äußern – es sei denn, er würde es offensiv tun. Momentane Unmutsäußerungen werden von Ihnen kurz und bündig ignoriert. Dann geht es ganz normal weiter.

Behauptet wird ...

... Wenn Wölfe sich fixieren, kämpfen sie gleich.

Fakt ist ...

... Wenn ein Wolf den anderen fixiert und dieser das akzeptiert, passiert meistens gar nichts. Damit zeigt er, dass er mit der Stellung des Fixierenden einverstanden ist. Ist jedoch der andere bereit, eine Gegenfixierung aufrechtzuerhalten, kann dieses gegenseitige Fixieren zu einer Auseinandersetzung getreu dem Motto: „Komm doch her, was willst du überhaupt? Wie stark glaubst du denn zu sein?!" führen.

Bedeutung für den Hundehalter

Besonders die Besitzer von provokanten (nicht dominanten) Hundetypen haben die Pflicht, sich intensiv mit dem Ausdrucksverhalten der Vierbeiner zu beschäftigen, um gegebenenfalls genau zu erkennen, was geschieht, zum Beispiel wenn auf der Hundewiese fremde Hunde auf den eigenen zukommen. Wer das nicht kann, muss mit Hilfsmitteln dem Hund beibringen, provozierende Blicke oder ein ähnliches Verhalten zu unterlassen. Wenn Ihr Hund einen anderen fixiert, sorgen Sie dafür, dass er mit *Ihnen* kommuniziert und *Sie* anschaut, statt den anderen Hund. Dies geht mit dem Signal „Guck mal hier!" oder mithilfe eines Halti. Wir empfehlen bei einer Gegenfixierung auf keinen Fall nach der Floskel „Die machen das schon unter sich aus!" zu handeln, weil dies zu Verletzungen führen kann.

Behauptet wird ...

... Um Jungwölfe in Schach zu halten, zeigen ranghohe Wölfe Imponierverhalten.

Aufmerksamkeitsstehen
Oftmals verwechseln Hundehalter eine Impo-
nierhaltung mit einer Aufmerksamkeitshal-
tung, die zugegeben sehr ähnlich aussieht. Beim
Imponieren wird Blickkontakt vermieden und
sich steifbeinig bewegt. Bei der Aufmerksam-
keitshaltung, bei der auch die Rute aufgestellt
ist, wird der Blick auf etwas gerichtet und sich
dabei locker fortbewegt.

Fakt ist ...

... Erwachsene Wölfe zeigen gegenüber Welpen und Jungtieren kein Imponierver-halten. Imponierverhalten wird nur zwi-schen erwachsenen Tieren oder von kurz vor der Geschlechtsreife stehenden Tieren gezeigt, nie jedoch Schnöseln gegenüber.

Bedeutung für den Hundehalter

Bei einer Hundebegegnung mit gegenseiti-gem Imponiergehabe können Sie ruhig bleiben, solange das Gegenüber es beim Imponieren belässt. Imponieren bedeutet, Show zu machen – ohne Blickkontakt – und ist oft eine gesichtswahrende Hand-lung. Beide fühlen sich wichtig, trauen sich aber nicht, den nächsten Schritt zu machen. Wir haben Verständnis dafür, dass manchen (unerfahrenen) Hundebesitzern in dieser Situation die Nerven durchgehen können. Wer es über sich bringt, kann die Leine loslassen, ein paar Schritte zurückgehen und nicht eingreifen. Dieser Rat ist jedoch generell nicht für Hundelaien geeignet. Das Imponierverhalten können Sie jedoch auch zu Ihren Gunsten nutzen. Wenn Ihr Hund Mist baut, dann können Sie sich eben-falls aufblasen, um das Tier in dieser Situa-tion zu beeindrucken. Voraussetzung ist, dass das Timing stimmt und Sie die Show auch gut beherrschen: Bauch einziehen, Brust raus. Dies drückt eine unmissver-ständliche Körpersprache aus: Ich bin groß und selbstbewusst! Bisweilen hilft es auch, einige forsche Schritte auf den Hund zu zumachen, um ihn schnell zu beein-drucken.

Akustische Kommunikation

Behauptet wird ...

... Wölfe bellen nicht.

Fakt ist ...

... Es wird immer erzählt, dass Wölfe nicht bellen können. Diese Behauptung ist schlichtweg falsch. Sie können sehr wohl sogar massiv bellen, und zwar wenn sie in Alarmstimmung sind und vor einer Gefahr warnen. Ein kurzes „Warn-Wuffen", insbesondere in der Nähe von Höhlen, dient dazu, die Welpen sofort in den Bau zu schicken. Die Kleinen folgen prompt, auch wenn sie gar nicht wissen, was los ist. Wölfe bellen im Gegensatz zu Hunden jedoch in einer monotonen Tonlage.

Bedeutung für den Hundehalter

Im Unterschied zum Wolf zeigen Hunde domestikationsbedingt ein sehr variables Bellverhalten, zum Beispiel als Knurr-Bellen, Heul-Bellen, aber auch in Kombination mit Fiepen oder Schreien. Die Lautäußerungen beim Hund sind jedoch besonders auf die Beziehung zum Menschen ausgerichtet. Es gibt bestimmte Laute, die nur der Kommunikation mit dem Menschen dienen. Natürlich dürfen Hunde bellen und Gefahren anzeigen. Manchmal kann das Bellen auch nur bedeuten, dass der Hund Aufmerksamkeit fordert. In diesem Fall gehen Sie einfach nicht darauf ein. Aber aufgepasst! Dauerbellen kann sowohl ein Zeichen für Unterforderung sein als auch eine Reaktion auf Überforderung.

Günther Blochs Studie in Italien zum Bellverhalten verwilderter Haushunde zeigte eindeutig, dass sich die Tiere zum Bellen zusammenrotten, um entweder Futterplätze gegenüber Konkurrenten abzugrenzen oder ihre Reviergrenzen anzuzeigen. Wölfe bellen in Alarmsituationen ebenfalls, legen aber den Schwerpunkt auf das Heulen.

Behauptet wird ...

... Wölfe heulen den Mond an.

Fakt ist ...

... Wölfe heulen tatsächlich erheblich mehr in der Vollmondphase. Dies hat aber nichts mit dem Mond zu tun, sondern mit den besseren Lichtverhältnissen, die sie nutzen, um zur Jagd aufzubrechen. Typisch für Wölfe ist, dass sie sich häufig durch Heulen auf die Jagd einstimmen.

Bedeutung für den Hundehalter

Uns fehlen die Beweise und weitere Informationen darüber, ob auch Hunde den Mond anheulen. Nach unserer Meinung gehören diese Behauptungen eher in das Reich der Fabel oder in den esoterischen Bereich.

Behauptet wird ...

... Große Rudel heulen mehr als kleine.

Fakt ist ...

... Zur Frage, ob große Wolfsgruppen mehr heulen als kleine, gibt es bisher keine aussagekräftige Studie. Der Wolfsforscher Fred Harrington, der sich viel mit Heulverhalten beschäftigt, führt aus, dass kleine Wolfsgruppen ihr Heulverhalten an Reviergrenzen verändern können, um anderen Gruppen vorzutäuschen, dass sie eine große Gruppe sind.

Bedeutung für den Hundehalter

Wenn Hunde in Gruppen gehalten werden, können erwachsene bellfreudige Vierbeiner, die es teilweise mit der verbalen Kommunikation übertreiben, die Schnösel in der Gruppe ebenfalls zum Bellen animieren und sie so zu Kläffern „erziehen". Wenn Sie einen derart übertriebenen Beller in ihrer Hundegruppe haben, sollten Sie das Kläffen durch ein scharfes „Nein!" oder schnelles körperliches Bedrängen unter Kontrolle bringen, damit sich die anderen das nicht angewöhnen.

Behauptet wird ...

... Wölfe heulen mehr, wenn sie Welpen haben, um andere zu warnen.

Fakt ist ...

... Das Heulverhalten im Höhlengebiet hängt stark von menschlicher Präsenz ab. So konnten Günther Bloch und Paul Paquet nachweisen, dass Wölfe in Touristengebieten in der Nähe der Höhle so gut wie gar nicht heulen, vermutlich um nicht auf sich aufmerksam zu machen. Im einsamen Hinterland konnten sie dagegen kein eingeschränktes Heulen in der Nähe von Höhlen feststellen.

Bedeutung für den Hundehalter

Eltern verteidigen ihre Kinder. Und so ist es nur selbstverständlich, dass Hündinnen, die

Welpen haben, mehr bellen oder auch mehr Aggressionen zeigen, um auf diese Weise auszudrücken: „Lass meine Kinder in Ruhe." Dieses Verhalten zeigen Hunde auch, wenn kleine Menschenkinder in der Familie sind, die sie, genau wie ihre Hundewelpen, verteidigen. Jede Hündin hat das Recht auf einen Rückzugsplatz, wenn sie Welpen hat. Dies müssen sowohl die Kinder im Haushalt, als auch der Besuch akzeptieren. Das bedeutet jedoch nicht, dass der Hund (egal ob Hündin oder Rüde) durch das ganze Haus patrouillieren und jeden Besucher aus dem Heiligtum verweisen darf. Hier sind Sie wieder einmal als Entscheidungsträger gefordert, der Grenzen setzt und durch ein scharfes „Nein!" oder ein kurzes Bedrängen klarmacht, dass dies ein übertriebenes und von Ihnen unerwünschtes Verteidigungsverhalten ist.

Chemische Kommunikation

Behauptet wird ...

... Ranghohe Tiere markieren immer zuerst, um ihren hohen Sozialstatus zu unterstreichen und damit sie dominant bleiben.

Fakt ist ...

... Ranghohe Wölfe markieren, Jungtiere pinkeln. Urin ist eine begrenzte Ressource. Innerhalb des Territoriums und an den Grenzen markieren Wölfe, um gegenüber Rivalen abzugrenzen. Wenn Wolfseltern ganz gezielt und mit Vorliebe an erhöhten Stellen markieren, dann ist dies eine territoriale Botschaft nach außen.

Beide Elternteile (Mutter und Vater) heben das Bein und geben eine kleine Menge Urin ab. Die Schnösel dagegen markieren nicht, sondern lassen es einfach laufen – und das in großen Mengen.

Durch die Art des Markierens kann man auch aus der Ferne erkennen, was für einen Wolf man vor sich hat: Uriniert ein Tier mit erhobenem Bein („raised leg urination"), ist es ein hochrangiges Tier, Weibchen oder Rüde. Nicht mit erhobenem Bein, aber sich nach vorne lehnend („lean forward urination"), urinieren männliche Jungtiere und rangniedere Rüden. Rangniedere Weibchen hocken sich hin („squat urination").

Wir glauben, wenn wir unser Grundstück mit Hecken und Zäunen umgeben, weiß der Hund genau, was sein Revier ist. Hunde jedoch sehen ihre Markiergrenzen individuell. Dazu gehört auch ein provokantes Auftreten im Nachbarrevier, wo Bello (in Abwesenheit des eigentlichen Revierinhabers) gern mal eben schnell hinpinkelt.

Das Übermarkieren zwischen den Wolfseltern dient in erster Linie deren Zusammengehörigkeitsgefühl sowie gleichzeitig der gemeinsamen Botschaft nach außen, dass ein Revier besetzt ist. Das gegenseitige Übermarkieren können wir auch sehr oft in der Paarungszeit beobachten, oder wenn durch den Tod eines Leitwolfes ein Wechsel in der Führung stattfindet. Markieren Rüde und Weibchen mit- und übereinander, ist dies meist das erste Zeichen, dass sich Zwei gefunden haben. Übermarkieren symbolisiert und stärkt als soziale Komponente ganz klar das Zusammengehörigkeitsgefühl.

Bedeutung für den Hundehalter

Das Markierverhalten von Hunden unterscheidet sich deutlich von dem der Wölfe. Das liegt daran, dass Hunde sehr viel „anonymer" leben als ihre wilden Verwandten. Sie haben kaum Kontakt zu Nachbarhunden oder zu anderen Straßenhunden. Darum verhalten sie sich auf der Straße oder in der Gemeinde anders als Wolfsfamilien. Jeder Hund demonstriert ein eigenes Markierverhalten. So können Hunde, die in einer Siedlung leben, keine saubere Revierabgrenzung betreiben. Daher haben sie ein anderes Markierverhalten als Wölfe. Hunde markieren signifikant unterschiedlich, sehr individuell, aber sehr oft auch aus rein gesichtswahrenden Gründen. Dass auch schon junge Hunderüden (anders als Wölfe) das Bein beim Markieren heben, dient nicht nur der Unterstreichung von Dominanz, sondern ist von Individuum zu Individuum deutlich verschieden. Markieren hat auch eine sozial freundliche Bedeu-

tung bei Hunden, die sich kennen; der eine markiert über den Urin oder Kot des anderen. Als Hundehalter sollten Sie dies zur Kenntnis nehmen und nicht weiter darauf eingehen.

Da das Markierverhalten eine sehr komplizierte Angelegenheit ist, sollten Sie bei Problemen einen Fachmann zurate ziehen. Noch ein interessanter Hinweis: Man weiß inzwischen, dass weibliche Tiere, die als Embryonen zwischen zwei männlichen Geschwistern liegen, einen Schuss Testosteron mit abbekommen und später – völlig unabhängig vom Rang – beim Markieren auch das Bein heben können. Dies ist also kein erworbenes Dominanzverhalten, sondern wird als Verhaltenstendenz schon im Mutterleib hormonell angelegt. (Diese Studie wurde zuerst von dem amerikanischen Physiologen F. vom Saal veröffentlicht und bezog sich auf Mäuse. Später gab es eine Zusammenfassung von John Vandenbergh, in der auch andere Arten erwähnt werden. Überblick: Verhandlungen der Deutschen Zoologischen Gesellschaft 1991, S. 195-200.)

Behauptet wird ...

... Am Scharren erkennt man den Alpha; nur Rüden scharren.

Fakt ist ...

... Wir haben beobachtet, dass im Allgemeinen erwachsene Rüden scharren und zwar frühestens ab dem Alter von 15 bis 18 Monaten. Bei den Leittieren scharren sowohl weibliche als auch männliche Wölfe und zwar gezielt und „strategisch", beispielsweise an einer Weggabelung. Dieses Verhalten beinhaltet eine visuelle und eine chemische Botschaft. Visuell soll es zur Distanzeinhaltung auffordern, und chemisch wird die Information (unterstützt durch Drüsen in den Ballen) weit gestreut.

Bedeutung für den Hundehalter

Scharren hat bei Hunden nicht grundsätzlich etwas mit Ranghoheit zu tun. Es kann bedeuten, dass das Tier seine Geruchsinformation weit streut. Deswegen gehen Hunde gern dorthin, wo gerade gescharrt wurde. Sie erhalten jede Menge Informationen und „lesen Zeitung", wie man im Volksmund so schön sagt.

Wenn sich aber Hunde treffen und der eine scharrt und schaut den anderen dabei fixierend an, kann das eine an das Gegenüber gerichtete Aussage sein und bedeuten: „Lass mich in Ruhe, halte Abstand!"

Behauptet wird …

… Wölfe wälzen sich im Kadaver, um entweder ihren hohen Rang zu unterstreichen, oder um sich zu „tarnen", damit sie sich besser an Beutetiere anschleichen können.

Fakt ist …

… Bisher wurde immer angenommen, dass Wölfe sich wälzen, um ihren Eigengeruch zu überdecken, damit sie sich besser an andere Tiere heranschleichen können. Heute wissen wir, dass gemeinsames Wälzen in einem Kadaver in Bezug auf die Körpersprache völlig neutral geschieht und ein soziales Ereignis ist, an dem sich alle – unabhängig von Rang und Geschlecht – beteiligen. Nach dem Wälzen brechen die Wölfe nachweislich *nicht* zur Jagd auf. Günther Blochs neueste Forschungsergebnisse belegen außerdem, dass das Wälzen auch gezielt als Übertragung von Informationen („verfügbare Beute") an zurückgebliebene Mitglieder genutzt wird.

Bedeutung für den Hundehalter

Es ist absolut natürlich und normal, wenn Hunde sich in allem möglichen Mist wälzen. Dass wir darüber nicht begeistert sind, ist auch logisch.

Ein kleiner, nicht ganz ernst gemeinter Tipp von uns: Vielleicht sollten Sie einmal etwas ausprobieren, das bisher noch nie erforscht wurde: Wälzen Sie sich ebenfalls im selben Dreck, in dem sich Ihr Hund gewälzt hat, und berichten Sie uns, ob Bello dies als soziales Ereignis toll fand und es die Bindung zwischen Ihnen beiden gefestigt hat. Wer weiß schon, wie toll unsere Hunde eine solche gemeinsame Aktion fänden.

Aber im Ernst: Wer diese Angewohnheit kontrollieren will, muss seinen Hund sehr genau beobachten und ein Abbruchsignal finden, und zwar *bevor* er sich wälzt. Dies erfordert sehr viel Übung.

Hunde, die sich gerne in Unrat wälzen, sollten in der Übungsphase mittels einer langen Leine kontrolliert werden. Übrigens: Dass sich Kaniden aus Gründen der sexuellen Stimulation wälzen, ist auch so ein Märchen.

Behauptet wird ...

... Ranghohe Tiere pinkeln gezielt rangniedere an, um ihre Respektlosigkeit zu
demonstrieren.

Fakt ist ...

... Das gegenseitige Anpinkeln hat nichts
mit Dominanz zu tun und wird in fast immer neutraler Körperhaltung (ohne Drohen) als Ritual gezeigt. Meist geht diesem
Verhalten freundliches Gruppen-Riechen
oder Gruppen-Laufen voraus.

*Die zweifellos zahlreich vorhandenen Feinheiten
des Markierverhaltens von Wolf und Hund sind
noch längst nicht ausreichend erforscht. Eins
kann man aber mit aller Klarheit aussagen:
Markierverhalten ist individuell signifikant
unterschiedlich!*

Bedeutung für den Hundehalter

Markieren kann für unsere Hunde verschiedene Bedeutungen haben. Es kann eine
Provokation von Artgenossen (aber auch
von Menschen) sein, die eine Verteidigung
von Ressourcen unterstreichen oder Revier-
ansprüche anmelden. Vorausgesetzt, Ihr
Verhältnis zum Hund ist ungestört, haben
Sie kein Dominanzproblem, wenn Ihr Hund
sein Revier markiert. Es ist völlig lächerlich,
dem (tatsächlich gehörten) Rat zu folgen,
vor dem Hund in den Garten zu gehen und
überall selbst zu „markieren", um zu zeigen,
„wer der Herr ist".

Das Anpinkeln von Personen mag unangenehm sein, wird aber fast ausschließlich in
neutraler Körperhaltung gezeigt. Unsere
eigenen Untersuchungen belegen, dass
immer Hundehalter angepinkelt werden,
deren Kleidung nach einem anderen Hund
oder einer läufigen Hündin riecht und deshalb wohl wie ein Magnet wirkt. Dulden
muss man dies selbstverständlich nicht. Ein
klares „Nein, lass das!" im Ansatz des Verhaltens macht dem Hund klar, was man will.

Behauptet wird ...

... Nur ranghohe Wölfe pinkeln gezielt Nah-
rungsreste und Spielzeug an, damit die
Rangniederen sich nicht trauen, es wegzunehmen.

Immer, wenn ein Jungtier versucht, einem
Erwachsenen sein Objekt wegzunehmen,
pinkelt das entsprechende Alttier demonstrativ auf das Objekt, um seine Ranghoheit
zu unterstreichen.

Hunde sind Nasentiere, weshalb der Bereich der chemischen Kommunikation für sie besonders wichtig ist. Wenn Hunde sich ritualisiert beriechen und geruchlich gegenseitig informieren, sollten wir Menschen uns nicht einmischen.

Fakt ist …

… Das Bepinkeln von Fellstücken oder irgendwelchem Spielzeug steht fast nie im Zusammenhang mit Dominanzfragen, sondern dient der individuellen Vertrautheitsschaffung. Was sich Wölfe einprägen wollen, wird in Kanidenmanier über chemische Information gekennzeichnet. Auf diese Art und Weise wird die Stelle schnell und eindeutig wiedererkannt und ist vertraut.

Bedeutung für den Hundehalter

Da Hunde eng mit dem Menschen zusammenleben, muss man nicht jedes typische Hundeverhalten akzeptieren. Bepinkelt Ihr Hund beispielsweise seine Futterschüssel oder ein Spielzeug, das im Haus herumliegt, nehmen Sie es einfach weg. Ansonsten achten Sie zukünftig ganz genau auf sein Ausdrucksverhalten und vermitteln Sie schon im Ansatz des Pinkelnwollens ein deutliches „Nein!". Hierzu ist unbedingt erforderlich, schon die Absicht zu erkennen und zielgenau vorzugehen: Hund beschnüffelt intensiv Objekt und will gerade zum Pinkeln ansetzen = Nein, lass das! Im Haus

sollte diese Regel auch gelten, obwohl das Bepinkeln von Teppichen und Decken bei eigentlich stubenreinen Hunden auch eine Demonstration der Geltendmachung irgendwelcher Ansprüche bedeuten kann. Beispiel: Unter einer Decke lag ein vertrauter Mensch und der Hund „symbolisiert" durch das Bepinkeln der Decke sein Zusammengehörigkeitsgefühl.

Taktile Kommunikation

Behauptet wird …

… Der Schnauzstoß gegen die Schulter oder den Rücken ist eine Disziplinierungsmaßnahme.

Fakt ist …

… Der Stoß mit der Schnauze an die Schulter oder den Rücken ist häufig eine sozialfreundliche Geste. So wird der Schnauzstoß auch zur Spielaufforderung, zur Kontaktaufnahme oder zum Testen der jeweiligen Stimmung des anderen gezeigt. Natürlich kann er aber auch in seiner heftigeren Form eine Verhaltenskorrektur bedeuten, ganz nach der Devise: „Halte Abstand oder hör auf mit dem, was du gerade tust!"

Bedeutung für den Hundehalter

Hunde praktizieren ebenso wie Wölfe den Schulterstoß aus unterschiedlichen Beweggründen. Deshalb sollten Sie als Hundehalter diesen Schulterstoß nicht pauschal als Verhaltenskorrektur verwenden. Stattdessen können Sie Bello in abgemilderter Schulterstoßform kurz antippen: „Hallo, achte mal auf mich" oder „Hey – hast du Lust zu spielen?"
Natürlich können Sie ein kurzes Anknuffen auch je nach Situation als aufmerksamkeitsfordernde Maßnahme oder in der Disziplinierung auch etwas heftiger, zum Beispiel als: „Hey, lass das!", verwenden.

Behauptet wird ...

... Wolfseltern disziplinieren ihre Kleinen, indem sie sie gezielt zwecks Bestrafung im Nacken packen und heftig schütteln. Der Gebrauch der Zähne rechtfertigt deshalb den Einsatz von Stachelhalsbändern, weil dies eine Nachahmung und somit eine artgerechte Bestrafung darstellt. Der Gebrauch der Zähne rechtfertigt deshalb in der Mensch-Hund-Beziehung den Einsatz von Stachelhalsbändern.

Fakt ist ...

... Der berühmt-berüchtigte Nackenschüttler kommt aus dem Bereich des Beutefangverhaltens. Da Wolfseltern ihre Kinder nicht als Beute ansehen, zeigen sie ihnen gegenüber auch nicht dieses Verhalten. Dagegen aber wird das Packen und Schütteln durchaus ansatzweise im Spiel oder unter Erwachsenen sehr selten als Endhandlung bei Ernstkämpfen gezeigt.
Fakt ist, dass Welpen untereinander das Nackenschütteln praktizieren, weil sie alle möglichen Verhaltenselemente erproben. Weil sie noch keine fertigen Jäger sind, üben sie das Beutefangverhalten untereinander.

Bedeutung für den Hundehalter

Aus den bereits erklärten Gründen raten wir dringend davon ab, den Nackenschüttler zur Disziplinierung zu verwenden. Da Sie sich als Mensch nicht ständig mit Ihrem Hund in ernsthaften „Rangkämpfen" befinden, haben Sie das nicht nötig. Es könnte Ihr Vertrauensverhältnis zerstören. Erschrecken Sie nicht, wenn Welpen sich gegenseitig im Nacken packen und es dabei laut hergeht. Dies ist *keine* Verhaltensstörung. Auch wenn heute noch Stachelhalsbänder und sogenannte „Gesundheitswürger" in der Hundeerziehung eingesetzt werden, ist dieser Einsatz unsinnig und vorallem aus der Wolfswelt nicht ableitbar. Darüber hinaus ist er streng genommen auch ein Verstoß gegen das Tierschutzgesetz. Allerdings gibt es bezüglich des Einsatzes diverser Halsbandformen keine konkreten Formulierungen.

Behauptet wird ...

... Ranghohe Tiere zeigen niemals Pflegemaßnahmen gegenüber rangniederen, um
ihre Position nicht zu verlieren.

Fakt ist ...

... Soziale Pflegemaßnahmen haben nichts
mit Rang und Geschlecht zu tun, sondern
finden häufig statt, um Beziehungen zu
festigen und zu etablieren. Es handelt sich
also insgesamt eher um eine sozial-freund-
liche Aktion.

Bedeutung für den Hundehalter

Pflegemaßnahmen und viel sozialer Kontakt durch Streicheln oder Bürsten fördern
die Beziehung zwischen Mensch und Hund
und sind Ihre Pflicht als Hundehalter, um
das enge Verhältnis zwischen Ihnen und
Ihrem Hund immer wieder zu bestätigen.
So fühlt sich der Hund als enges Mitglied
der sozialen Gruppe. Es hat auch nichts mit
Rangdebatten zu tun, wenn Sie einen kleinen oder jungen Hund auf den Schoß nehmen – es sei denn, der Bursche nutzt es aus
und fletscht aus dieser Position die Zähne.
Streicheln und Schmusen hält gesund.
Wenn Menschen mit Bluthochdruck Hunde
streicheln, sinkt dieser nachweislich – und
zwar bei Mensch *und* Hund.
Lassen Sie sich also keinesfalls einreden,
regelmäßige Sozialkontakte seien über-
trieben und würden den Hund vermensch-
lichen. Einzige Ausnahme: Sie kämpfen mit
Aggressionsverhaltensproblemen. Dann
sollten Sie sich professionelle Hilfe suchen.

Beispiele von frei lebenden Wölfen

Banff: Geruchliche Kommunikation der besonderen Art

Im Jahr 2007 machten wir erstmalig eine
sehr verblüffende Entdeckung: Delinda, das
Leitweibchen der Bowtal-Familie, streifte
ausnahmsweise alleine umher. Irgendwann
fand sie einen Hirschkadaver und fraß davon. Anschließend wälzte sie sich ausgiebig
in dem Riss, strampelte dabei mit den Beinen in der Luft und gab sich alle Mühe, den
Geruch des Kadavers fest in ihr Fell ein-
zureiben und auf dem Körper zu verteilen.
Dieses Verhalten war noch nicht unge-
wöhnlich. Wölfe wälzen sich immer wieder
einmal in einem Fremdtiergeruch. Sie lieben es sogar, das gemeinsam zu tun. Grup-
penwälzen scheint ein unwiderstehliches
soziales Ereignis zu sein. Ihr fröhlicher
Gesichtsausdruck dabei spricht Bände.
Nach einer Weile schüttelte sich Delinda
und verließ den übel riechenden Kadaver.
Dann lief sie ohne Unterbrechung etwa
sechs Kilometer zum Rendezvousgebiet
zurück, wo Gatte Nanuk und der gesamte
Nachwuchs auf sie warteten. Überschwänglich wurde sie von ihren Lieben begrüßt.
Kurz darauf begann zuerst Tochter Mickey
ihre Mutter intensiv zu beschnüffeln, drei
weitere Familienmitglieder machten es ihr
nach. Sie untersuchten Delinda hoch interessiert und nahmen den Fremdgeruch aufgeregt auf. Der strenge Hirschgeruch an
ihrem Fell sorgte anscheinend bei allen
Familienmitgliedern für helle Begeisterung.
Und dann geschah das Unerwartete: Nachdem sie so intensiv beschnuppert worden
war, drehte sich Delinda um und trabte los,

ohne dabei noch einmal zurückzuschauen. Sie ging wie selbstverständlich davon aus, dass die ganze Familie genau wusste, was sie ihnen mitteilen wollte. Und in der Tat – der ganze Klan folgte ihr. Delinda gab die Richtung vor.

Zwanzig Minuten später tauchte die Gruppe beim toten Hirsch wieder auf. Überall waren Raben, die sich laut krächzend um die besten Fresspositionen stritten. Nanuk scheuchte die schwarzen Vögel eher halbherzig weg. Obwohl ein Rabe einfach dreist sitzen blieb, geschah ihm nichts. Die Wölfe umringten den Kadaver und alle begannen, gemeinsam zu fressen. Nur eine Stunde später war von der Beute mit Ausnahme von ein paar Knochen und Fellresten nichts mehr übrig. Alle hatten sich kugelrund gefressen.

Offensichtlich kommunizieren Wölfe so intensiv miteinander, dass sie – ohne jegliche Anzeichen von Egoismus – bei einem für die Gruppe wichtigen Fund uneigennützig handeln, zur Familie laufen, um die anderen Mitglieder über das Gefundene zu informieren und sie sogar ganz zielgerichtet zum Fund zu führen, damit alle zusammen fressen können.

Yellowstone: Begrüßungsrituale

Für mich sind die schönsten Momente bei der Wolfsbeobachtung immer die Begrüßungsrituale der Wölfe, an denen ich mich nicht sattsehen kann.

Nehmen wir die Druids, die seit ein paar Stunden ihren Verdauungsschlaf halten. Der erste Wolf wacht auf und heult. Noch im Liegen und teilweise auf dem Rücken liegend fallen die anderen Familienmitglieder in den Ich-bin-jetzt-wach-Gesang ein.

Der erste Wolf steht auf und startet die Begrüßungsrunde. Die, die schon wach sind, bekommen die Gesichter geleckt, und mit einem heftigen Schwanzwedeln werden die anderen geweckt. Die Leitwölfin springt auf die Füße und führt einen kleinen Tanz auf. Einer der Schnösel nähert sich unterwürfig dem Papa und leckt ihm die Schnauze von unten. Der steht auf, stellt sich über ihn und wedelt mit dem Schwanz. Junior schmeißt sich daraufhin auf den Boden, rollt sich auf den Rücken und drückt alle vier Pfoten an Papas Brust. Immer mehr Wölfe werden jetzt wach und kommen hinzu. Plötzlich wird die Begrüßung unterbrochen.

Aus dem kleinen Wäldchen am Berg nähert sich ein fremder Wolf mit einer der Druid-Töchter. Vielleicht will sie den Eltern ihre neue Errungenschaft vorstellen. Die Leitwölfin, Nr. 569F, erstarrt und fixiert den Fremden. Das Töchterchen legt sich sicherheitshalber schon einmal flach auf den Boden, um schön Wetter zu machen, während der Fremde sie beschnuppert und sich wundert, was das jetzt soll.

Mit aufgestelltem Nackenhaar nähert sich Mama dem Fremdling. Ein anderer Schnösel rennt mit tief wedelndem Schwanz zu 569 hin und leckt ihr die Schnauze. Fast sieht es aus, als habe der Neuling Schützenhilfe von den Geschwistern seiner Angebeteten bekommen. Er hat nun auch die große Leitwölfin der Familie erreicht und versucht, ihr mit eingeklemmtem Schwanz die Schnauze zu lecken. Sie drückt ihn einmal heftig auf den Boden und geht weg.

Jetzt ist es an Papa (Nr. 480M) einzuschreiten und seinen Standpunkt klarzumachen. Er steht auf, seine Nackenhaare und der Schwanz streben in ungeahnte Höhen.

Dies ist das Signal für den Neuling, die geplante Verlobung erst einmal aufzuschieben. Er dreht sich um und nimmt die Pfoten in die Hand. 480 und ein Teil der Druid-Jungs verfolgen ihn noch eine Weile, bevor sie schließlich aufgeben und zurück zur Gruppe gehen. Dort werden sie von allen wartenden Familienmitgliedern begeistert begrüßt. Man sieht glückliche Wolfsgesichter, blitzende Augen und wedelnde Schwänze, deren Bewegungen sich auf den ganzen Körper übertragen. Jeder versucht, die Maulwinkel der Eltern und die der restlichen Familie zu lecken. Es wird geschoben und gedrängelt. Die ganz Eiligen springen mitten in das Gewühl, um dabei zu sein. Die Begrüßung ist ein Ausdruck purer Lebensfreude.

Gemeinsam heulen alle noch einmal in den unterschiedlichsten Tonlagen, bevor sie sich auf den Weg machen und weiterziehen.

Wolfs-Rally

Nein, bei einer Wolfs-Rally fahren die Wölfe nicht mit dem Allrad von Paris nach Dakar (das wäre eine „Rallye"), wenngleich ihre Aktivitäten ähnlich rasant sind. Wenn eine Wolfsfamilie in eine überschäumende und stürmische Massenbegrüßung ausbricht, wird das als „Rally" bezeichnet. Dabei haben die Tiere engen Kontakt, springen ausgelassen übereinander, lecken sich die Maulwinkel und tänzeln aufgeregt einher. Jeder will jeden begrüßen und von jedem begrüßt werden, jeder will mittendrin sein.

Rallys finden überwiegend nach einer Ruhepause statt, manchmal aber auch von jetzt auf gleich, wenn einzelne Familienmitglieder den Eindruck haben, man müsste sich einmal wieder mächtig lieb haben. Viele Rallys enden in einem Chorheulen.

Eine Gruppe verwilderter Haushunde in Italien, einschließlich einer Begrüßungsszene von zwei Hunden (zweiter und dritter Hund von links)..

Revierverhalten –
Krieg und Frieden

Behauptet wird ...

... Wölfe sind *immer* territorial und haben nie Kontakt zu anderen fremden Tieren. Jeder Wolf, der sich einem anderen Wolfsrudel nähert, wird umgebracht.

Fakt ist ...

... Das Revierverhalten von Wölfen ist sehr flexibel und hängt unter anderem davon ab, ob ein Gebiet schon besetzt ist oder nicht, oder wie viele „gute" (also leicht jagdbare) Beutetiere es dort gibt. Ist Platz genug vorhanden, oder lebt der Nachwuchs in der Nähe des elterlichen Stammgebietes, können sie durchaus friedlich nebeneinander leben, überlappende Territorien werden gemeinsam genutzt. Ein gutes Jagdgebiet mit ausreichender Beutetierdichte und sicherem Höhlengebiet ist wie eine steigende Börsenaktie, die jeder haben will. Und was man hat, gibt man nicht gerne her. Da geht es den Wölfen wie den Menschen und sie werden zu leidenschaftlichen Verteidigern ihres Heimatgebietes, wenn die Gefahr besteht, dass es ihnen genommen werden könnte. Wirklich tödlich endende Grenzstreitigkeiten kommen aber überwiegend zwischen Familien vor, die keinerlei verwandtschaftliche Beziehung miteinander haben. Die Hemmung, Verwandte anzugreifen, ist von Natur aus sehr groß. Fakt ist auch, dass immer wieder Einzelwölfe oder Jungtiere ihre Familien verlassen und zu einer anderen Gruppe abwandern, dort eine Weile leben und dann wieder zurück nach Hause kommen, wo sie auch im Allgemeinen wieder aufgenommen werden. Wölfe aus verschiedenen Familien

Dieser Hund grenzt sein Haus durch Drohverhalten ab. Er verteidigt sein Anwesen besonders dann, wenn wir nicht zu Hause sind. So erklärt sich zum Beispiel das immer wieder vorkommende leidige Thema „Drohverhalten dem Postboten gegenüber". Der Hund glaubt, wenn der Postbote klingelt oder die Post einwirft und sich dann wieder entfernt, dass er ihn durch sein Bellen vertrieben hat.

wandern also hin und her – ohne gleich umgebracht zu werden.

Die Leittiere der einzelnen Wolfsfamilien sind fast nie miteinander verwandt. Das haben langjährige DNA-Studien ergeben (siehe auch S. 64). Das bedeutet aber auch, dass sich diese Tiere irgendwann einmal getroffen haben müssen, also aus verschiedenen Familien stammen.

Ein weiterer Faktor für das Revierverhalten von Wölfen ist das Alter der einzelnen Mitglieder einer Wolfsfamilie. Erfahrung ist in der Welt der Wölfe lebenswichtig. Wolfsfamilien mit wenigen, aber kräftigen und erfahrenen Tieren haben bessere Chancen bei der Eroberung eines neuen Reviers als eine größere Gruppe mit jungen, unerfahrenen Wölfen.

Bedeutung für den Hundehalter

Natürlich sind sowohl Wölfe als auch Hunde generell territoriale Tiere. Ihr Verhalten unterscheidet sich aber – unabhängig von der Erziehung – deutlich je nach Rassezugehörigkeit und individueller Erfahrung. Wir empfehlen daher, dass Hunde, die in der Nachbarschaft leben, sich schon sehr jung auf *neutralem* Boden kennenlernen und nicht im Territorium des einen oder anderen erstmals aufeinandertreffen. Hundebesitzer sollten auch rassegemischte Welpen- und Junghundegruppen besuchen, also solche, die sich aus verschiedenen Hunderassen zusammensetzen. Auf diese Weise lernen die Tiere die unterschiedlichen Eigenarten und Kommunikationssignale des anderen kennen.

Wenn die distanzlose Labradorhündin nach dem Motto „Ich-bin-ja-so-nett" in den nächstbesten Schäferhund hineinrennt, sind die Probleme absehbar. Als Hundehalter müssen Sie vor allen Dingen wissen, dass Wölfe die kleineren Kanidenarten als Revierkonkurrenten jagen und schlimmstenfalls umbringen können. Wölfe jagen Kojoten und diese wiederum die Füchse als nächstkleinere Art.

Um das schon im Vorfeld zu verhindern, ist es für den Hundehalter wichtig, dass sich Klein- und Großhunderassen schon im Welpenalter kennenlernen, damit das wölfische Erbe nicht dazu führt, dass die Großen die Kleinen verletzen oder töten. Ebenso müssen kleine Hunde große kennenlernen, damit sie bei einer Begegnung nicht angst-aggressiv davonrennen.

Auch sollte (wie so oft) der Mensch hier an sich selbst arbeiten. Wer sich ständig mit seinen Nachbarn streitet und „revieraggressiv" verhält, vermittelt nach „Wolfsmanier" seinem Hunde-Schnösel ein Feindbild. Damit ist der Streit am Gartenzaun vorprogrammiert, und die Hoffnung auf ein gutes und entspanntes Nachbarschaftsverhältnis schwindet drastisch.

Behauptet wird …

… Wölfe sind anderen Wölfen gegenüber besonders aggressiv. Aber wenn fremde Gruppen aufeinandertreffen, greifen männliche Tiere keine weiblichen Tiere an.

Fakt ist …

… Wer Freund und wer Feind ist, lernen schon die Jungtiere. Die Schnösel lernen von den Erwachsenen, wie sie sich gegenüber diesen Feindbildern verhalten müssen, entweder durch aggressives Verhalten oder durch Scheinattacken und Ähnlichem. Gelegentlich kann es schon einmal vorkommen, dass die Schnösel nicht so recht wissen, in welche Kategorie der sich nähernde Wolf einzuordnen ist. So wird dann in der Gruppe der Teenager erst einmal zum „Angriff" gepfiffen und sich auf den Ankömmling gestürzt. Kurz vor diesem wird mit qualmenden Pfoten abgebremst, weil bemerkt wurde, dass es sich nur um den zurückkehrenden Onkel handelt.

Wenn zwei fremde Wolfsgruppen einen Kampf austragen, nehmen die einzelnen Tiere keine Rücksicht auf das Geschlecht des anderen, sondern greifen hemmungslos an. Bei ernsthaften Kämpfen entfallen viele Vorstufen des Austauschs von Drohsignalen, man geht mitunter direkt in die nächste Stufe über und kämpft sofort und massiv – egal ob Rüde oder Weibchen.

Bedeutung für den Hundehalter

Was ist nun mit dem geplanten Zweithund? Sollte man einen Rüden zur Hündin kaufen und umgekehrt, um Revierstreitigkeiten zu vermeiden? Nicht unbedingt, denn es kommt auch immer wieder vor, dass sich Rüde und Hündin nicht vertragen. Grundsätzlich ist dies zwar nicht der Fall, jedoch ist es bei den Freundschaftsbeziehungen ähnlich wie bei uns Menschen: Mit manchen kommt man klar, mit anderen nicht. Und so können natürlich auch in der Hundewelt Hündinnen mit Hündinnen und Rüden mit Rüden Freundschaftsbeziehungen aufbauen. Problematisch kann es werden, wenn Sie gleichgeschlechtliche Wurfgeschwister kaufen. Diese kennen sich besonders gut und orientieren sich zwangsläufig mehr aneinander als an ihrem Menschen. Widerstehen Sie und verwerfen Sie diese wirklich nicht gute Idee, sind die Babys auch noch so süß und hängen sie auch noch so aneinander.

Sind sie aber schon in die Babyfalle getappt und haben sich Wurfgeschwister geholt, sollten Sie beachten, dass Sie die Tiere viel beaufsichtigen und klare Hausregeln umsetzen. Achten Sie auch darauf, ob sich die

Welpen gegenseitig in der Bewegung einengen und richten Sie ihnen schon von Anfang an feste Plätze ein.

Behauptet wird ...

... Wölfe brauchen zum Leben große Wildnisgebiete und können in der Nähe von Menschen nicht überleben. Wölfe sind Indikatoren für intakte Wildnis.

Fakt ist ...

... Nordamerikanisches Denken in Ehren, haben wir Europäer insbesondere in den letzten Jahrzehnten völlig andere Erfahrungen gesammelt. Wölfe leben bei uns in Europa, wo es kaum noch Wildnisgebiete gibt, genau wie der Fuchs als Kulturfolger. Selbst in hoch industrialisierten Ländern wie beispielsweise Italien und Deutschland können Wölfe nicht nur sehr gut überleben, sondern sie schauen sich die Alltagsgewohnheiten des Menschen genau an und ziehen daraus ihre Rückschlüsse. So wandern sie nachts auch in Deutschland durch kleine Städtchen oder Dörfer, ohne jemals den Menschen zu nahe zu kommen oder gar aggressiv zu werden. Und in den Abruzzen ernährten sich Wölfe lange Zeit von den dörflichen Müllhalden, weshalb unser leider viel zu früh verstorbener Kollege Erik Zimen sie damals liebevoll „Spaghetti-Wölfe" nannte. Damit ist bewiesen, dass sich Wölfe den jeweiligen Lebensumständen sehr gut anpassen können. Was Wölfe wirklich brauchen ist – neben ausreichender Beute – einen ungestörten Ort, an dem sie ihren Nachwuchs großziehen können.

Bedeutung für den Hundehalter

Entgegen der landläufigen Meinung brauchen große Hunde weder viel Platz, noch brauchen kleine Hunde wenig Platz. Reviergrößen sind total flexibel und vom Menschen abhängig. Es ist zum Beispiel Unsinn, dass große Hunde zum Glücklichsein einen großen Garten brauchen. Sie können durchaus mit einem Rentner im Apartment im achten Stock leben, wenn dieser sich viel mit dem Tier beschäftigt und es keine Probleme mit den Mitmietern gibt. Dabei sollte aber ein Aufzug vorhanden sein, denn der junge Hund darf derart viele Treppen noch nicht laufen, der alte Vierbeiner kann es eventuell nicht mehr.

Hunde haben sehr unterschiedliche Ansprüche an ihr Revier. Politiker würden gerne große Hunde aus den Städten verbannen, weil sie angeblich viel Bewegung brauchen, und stattdessen durch kleine Hunde ersetzen. Wir können solche Argumente nicht nachvollziehen, weil schließlich bekannt ist, dass kleine Hunde sehr agil sein können und mitunter dazu neigen, gerne Stadtparkjogger zu scheuchen, während der große, eher schwerfällige Hund die gleichen Jogger sehr oft vollkommen gelassen passieren lässt.

Beispiele von frei lebenden Wölfen

Banff: Die magische Vermehrung einer Wolfsfamilie

Im Winter 2001/2002 konnten wir ein sehr schönes Beispiel der Verträglichkeit von Wölfen erleben, als wir über einen längeren

Unabhängig von Rasse und Größe haben Hunde sehr unterschiedliche Bewegungsbedürfnisse, worauf der Mensch individuell Rücksicht nehmen sollte. In letzter Zeit gibt es immer mehr Menschen, die auf die Kombination „ein Großhund und ein Kleinhund" schwören, die meist gut miteinander auskommen. Und viele Hundehalter wissen aus Erfahrung: Oft haben die Kleinen die Großen gut im Griff!

Zeitraum hinweg die Faireholme-Familie beobachteten. Monatelang waren wir mit den Wölfen unterwegs gewesen. Deshalb kannten wir die Familienstruktur aus dem Effeff. Wir wussten, dass sie aus neun Wölfen bestand, die fast immer gemeinsam unterwegs waren. Und so hatten wir auch an diesem Morgen den vertrauten Anblick der Faireholmes vor uns, die auf dem zugefrorenen See lagen. Die kompakte Leitwölfin Kashtin und ihr Partner Big-One, ein riesiger Rüde mit geschätzten 65 Kilogramm Lebendgewicht, schliefen ineinander verschlungen einträchtig im Schnee.

Eine Tochter namens Isabelle nahm ebenfalls am gemeinsamen Kontaktliegen teil. Vizechef Aspen und die übrigen Familienmitglieder probten ausgelassen, wie man sich in einem Rennspiel gegenseitig austrickst. Es herrschte eine gelöste Stimmung. Doch irgendetwas war an diesem Morgen anders, etwas stimmte nicht. Der Familienumfang schien zugenommen zu haben. Klar, Wölfe zählen war angesagt. Neun schwarze Punkte sollten es sein. Wir zählten erneut, und noch einmal: Elf Wölfe lagen dort. Wir zählten von rechts und von links, von oben und von unten. Es blieben elf Wölfe. Wer waren die anderen beiden Tiere, und wo waren sie hergekommen? Wir hatten nicht die geringste Ahnung. Aus Neun mach Elf. Einfach so. Alle verhielten sich friedlich. Als wenn nichts geschehen wäre, interagierten die Neuen mit den fest Etablierten. Wir waren verblüfft. Hatten wir nicht jahrelang gelernt, Wölfe würden keinesfalls Fremdtiere dulden, die nicht zur Familie gehören? Und hatten wir nicht ständig und dauernd vermittelt bekommen, jedes Fremdtier würde aus rein territorialen Gründen ohne großes Federlesen angreifen – ja sogar jeden Konkurrenten umbringen? Wölfe sehen diese unumstößliche Regel offensichtlich nicht so eng. Sie verhalten sich flexibel, passen sich vielen Gegebenheiten an.

Ob es sich bei den beiden Neuen um Verwandte handelte, die nach einer langen Zeit der Abwesenheit ihre Familie und ihre alte Heimat noch einmal besuchten, blieb unklar. Nach etwa einer Stunde raffte sich Gruppenleiterin Kashtin auf. Big-One sowie alle anderen Faireholmes trabten hinter ihr her. Ohne große Anstrengung, fast

schwebend, so wie das Wölfe eben tun. Nachdem sich die komplette Familie aus dem Staub gemacht hatte, fuhren wir zum See. Ein kurzer Test: Die Eisdecke war stabil. Wir suchten die ganze Seenplatte gründlich ab.

Anhand der vielen Spuren im Schnee konnten wir sehen, dass es keinerlei aggressive Auseinandersetzungen zwischen den Wölfen gegeben hatte. Keine Blutspur, keine herausgerissenen Haarbüschel, einfach nichts. Höchstwahrscheinlich handelte es sich also tatsächlich um bekannte Tiere, die bei den Faireholmes eben nochmal vorbeigeschaut hatten. Die gegenseitige Akzeptanz war da. Man tolerierte sich nicht nur, sondern fand fortan sogar Zeit, zusammen auf die Jagd zu gehen. Die Familienneuzugänge blieben. Die Faireholme-Familie bestand von nun an aus elf Mitgliedern. Kashtin und ihr Hotel Mama wirkten irgendwie unwiderstehlich auf die Heimkehrer, wie ein Magnet – ganz so wie dies auch in menschlichen Familien manchmal geschieht. Und das Fazit der Geschichte: Lieber Hundehalter, glaube bloß Verallgemeinerungen und Plattitüden in Bezug auf Revierverhalten nicht!

Yellowstone: Belagerung am Slough Creek

In Yellowstone erleben wir immer wieder Momente, die selbst altgediente Biologen zum Kopfschütteln veranlassen. So konnte zum ersten Mal in der Geschichte der Wolfsforschung die Belagerung einer Geburtshöhle durch eine fremde Wolfsfamilie dokumentiert werden.

Im April 2006 waren bei den Slough-Creek-Wölfen (neun erwachsene und drei junge

Wölfe) drei Weibchen trächtig und hielten sich in der Nähe der Geburtshöhlen auf, als plötzlich zwölf unbekannte Wölfe in das Territorium eindrangen. Im Laufe der nächsten Tage sahen wir die fremden Wölfe, unter denen sich ebenfalls ein trächtiges Weibchen befand, immer wieder in der Nähe der Slough-Höhlen. Anfangs zogen sich die Sloughs noch zurück, es fanden lediglich Heulwettbewerbe statt. Dann wurde ein großer Slough-Wolf tot aufgefunden und seine trächtige Gefährtin verschwand. Unterdessen hatten die beiden anderen trächtigen Slough-Wölfinnen (eine davon die Leitwölfin) die Geburtshöhle bezogen, um ihre Welpen zu bekommen. Die Belagerung begann in der Nacht zum 13. April 2006. Als ich am Morgen meinen Beobachtungspunkt erreichte, sah ich neun der neuen Wölfe um die Slough-Höhle herum verteilt liegen. Irgendwann im Laufe der Nacht mussten sie das Gebiet übernommen haben. Alle schienen sehr interessiert an der Höhle. Sie steckten nacheinander die Köpfe hinein, sprangen aber sehr schnell wieder zurück. Anhand der Radiosignale wussten wir, dass sich neben den beiden Wolfsmüttern und ihren neu geborenen Welpen noch ein weiteres Weibchen in der Höhle befand. Die Situation war lebensgefährlich für die Wölfinnen: Säugende Kaniden benötigen sehr viel Flüssigkeit. Wenn die Wolfsmütter in der Höhle gefangen waren, konnten sie nur kurze Zeit überleben.

Die trächtige fremde Wölfin versuchte mehrmals, in die Slough-Höhle einzudringen, wurde aber immer wieder aus dem Inneren heraus weggebissen.

Die fremde Gruppe belagerte 13 Tage lang die Wurfhöhle. Die neu geborenen Welpen, die von ihren Müttern nicht ernährt werden konnten, hatten keine Chance. Das wenige Futter, das ab und zu einmal ein Jährling nachts heimlich in den Bau schleppen konnte, reichte nur für das Überleben der Mütter.

Schließlich zogen sich die restlichen Slough-Wölfe, die noch in der Nähe ausgeharrt hatten, angesichts der fremden Übermacht ins Lamar Valley zurück. Die trächtige Wölfin der Belagerer kroch unterdessen in eine der anderen Slough-Höhlen und bekam dort am 24. April ihre Jungen.

Am nächsten Tag gelang es den Slough-Müttern, die Höhle unbemerkt zu verlassen und zum Rest ihrer Familie zurückzukehren. Gemeinsam mit ihnen und ohne Welpen zogen sie nach Westen.

In der Nacht zum 27. April spitzte sich die Situation dramatisch zu. Die Sloughs kamen zurück, und es kam zu einem Kampf mit den Neuen, in dessen Verlauf ein Slough-Wolf starb und der Leitrüde schwer verletzt wurde – er starb kurze Zeit später. Aber auch die Belagerer hatten ihren Preis gezahlt: Sie hatten ebenfalls ihre Welpen verloren. Die fremden Wölfe blieben noch ein paar Wochen im Slough-Gebiet, bevor sie wieder verschwanden.

Ein paar Tage, nachdem alle Wölfe verschwunden waren, untersuchte der leitende Biologe Doug Smith mit seinem Team die Geburtshöhle der Sloughs. Es gab keine Spur mehr von den Welpen. Smith vermutet, dass die Mütter ihre toten Babys gefressen haben, nachdem die Kleinen mangels Nahrung zu schwach waren, um zu überleben. In einem solchen Fall würden sich die Wölfinnen bemühen, in ihren Höhlen keine Spuren zu hinterlassen.

Gefahrenerkennung und Abwehr

Behauptet wird ...

... Wölfe sind immer todesmutig und greifen alle anderen Tiere an. Wann immer sich eine Gelegenheit bietet, stürzen sie sich in den Kampf und verhalten sich dabei immer gleich aggressiv, egal gegenüber welchem Feind.

Fakt ist ...

... Bei einer vermeintlichen Gefahr handeln Wölfe ganz unterschiedlich. So sind zum Beispiel Wolfseltern bei der Verteidigung ihrer Höhlen sehr viel angriffslustiger und aggressiver als bei der Verteidigung eines Kadavers. Auch ist ihre Art der Abwehr nicht immer gleich. Vielmehr gehen sie taktisch verschieden vor, je nachdem, wer und wie stark ihr Gegenüber ist. Dies kann vom Angriff bis zur Flucht reichen. Soll zum Beispiel ein Grizzly aus dem Revier vertrieben werden, greifen die Wölfe meist gemeinsam an und versuchen, den Bären zu irritieren und mürbe zu machen. Ihre Hartnäckigkeit ist dann oft der entscheidende Faktor zwischen Sieg und Niederlage. Ist die ganze Gruppe unterwegs (Eltern und Kinder), lernen die Schnösel bei Gefahr entweder, wie sie ihre Verteidigung aufbauen oder ob es vielleicht die bessere Taktik ist, sich gesichtswahrend zurückzuziehen nach dem Motto: Der Klügere gibt nach!

Bedeutung für den Hundehalter

Wie gehen Tiereltern mit ihren Kindern um? Wie schützen sie sie? Und wie schützen wir als „Ersatzeltern" unsere Hunde?

Zu den unumstößlichen Pflichten eines Hundehalters gehört es, unsichere und verängstigte Vierbeiner zu schützen, wenn sie in Gefahr sind. Dies gilt sowohl bei freilaufend sich nähernden Hunden als auch bei deren Der-tut-nix-Halter. Niemand muss es sich gefallen lassen, dass ein anderer Hund den eigenen ernsthaft angreift. Wölfe würden nie zulassen, dass ein Fremder ihren Jungen in irgendeiner Weise gefährlich werden kann.

Besonders im sogenannten Außenbereich, also zum Beispiel beim Gassigang, ist ausschließlich der Hundebesitzer als Familienoberhaupt für die Sicherheit seines Tieres zuständig. Besteht Gefahr, muss *er* das regeln und den Hund beschützen. Auf keinen Fall darf man seinen Hund jetzt im Stich lassen. Droht Ihrem Hund also eine mögliche Gefahr durch einen anderen Hund und verhält sich Ihr Tier unsicher, empfehlen wir Ihnen, sich vor Ihren Hund zu stellen, damit der andere nicht an ihn herankann. Stellen Sie sich mit dem Rücken zu einer Mauer, einer Bank oder einem Strauch. Dann ist die Verteidigung für Sie einfacher, wenn der mögliche Angreifer Sie umkreist. Meist ist es so, dass der Hund zuerst kommt, während vom Halter noch lange nichts zu sehen ist. Treten Sie dem fremden Hund entgegen und schreien Sie ihn an: „Hau ab!" So klären Sie die Situation, bevor der Der-tut-nix-Halter hinterhergehechelt kommt. Gefahrenerkennung und -abwehr ist auch Ihre Pflicht im Trainingsbereich, selbst wenn der sogenannte „Experte" eine andere Auffassung von Erziehung hat als Sie selbst. Hier einige Beispiele:
1) Achten Sie nicht darauf, wenn Ihnen zur oben beschriebenen Situation geraten wird:

(1) Hier nähert sich ein großer Hund bedrohlich einem Menschen mit Kleinhund.

(2) Der verunsicherte Mensch nimmt seinen kleinen Hund auf den Arm.

(3) Er versucht, den großen Hund durch ein Sichtzeichen fortzujagen. Es obliegt dem Menschen, solche Situationen zu regeln, damit der Hund nicht eine Rolle übernehmen muss, in der er hoffnungslos überfordert sein kann. Aber Vorsicht: In der Regel ist das Hochnehmen des kleinen Hundes für das andere Tier besonders attraktiv und macht es erst recht interessant. Deswegen ist es besser, sich als Mensch vor den kleinen Hund zu stellen und dem Fremdhund deutlich verständlich zu machen, dass man nicht bereit ist, ihn an den Kleinen heranzulassen.

„Das müssen die untereinander ausmachen" oder: „Da muss er durch". Wenn Sie Ihren Hund in einer solchen Situation alleine lassen, kann dies das Vertrauensverhältnis zwischen Ihnen und dem Tier stören. Dasselbe gilt auch, wenn Ihnen in diesem Fall geraten wird, die Unsicherheit und Ängste Ihres Hundes zu ignorieren.

2) Haben Sie beim Training einen „Experten", der nur herumschreit oder Ihnen ungeduldig die Leine aus der Hand reißt, um selbst den Schlaumeier zu spielen, lassen Sie sich das nicht gefallen.

3) Den Ratschlag, ein Hund müsse isoliert werden, damit er besser hört, sollten Sie überhaupt nicht beachten. Längere Isolation ist schlicht und einfach seelische Grausamkeit. Wir haben als Hundehalter eine Fürsorgepflicht unserem Tier gegenüber, und dazu kann auch gehören, dass wir in bestimmten Situationen, die sich nicht „richtig" anfühlen, sagen: „Ich mache das jetzt nicht mit!" Darum hören Sie am besten auf Ihr Bauchgefühl.

Behauptet wird ...

... Der Alpha greift immer zuerst an.

Fakt ist ...

... Die Leitwölfe greifen überwiegend gemeinsam an und koordinieren die Gefahrenabwehrmaßnahmen, wobei das Leitweibchen oft die treibende Kraft ist. Eine Strategie gegen Bären im Höhlengebiet ist zum Beispiel, dass der Leitrüde den Bären von der Geburtshöhle fortlockt, damit die Mutter zu den Welpen kann.

Manche einjährigen Schnösel haben sich als „Alarmwölfe" bewährt. Sie sitzen in der Nähe der Höhlen und bellen, wenn sie etwas Ungewöhnliches feststellen.

Bedeutung für den Hundehalter

Ihre Arbeit als Hundehalter und Chef Ihrer Familie ist bereits die Gefahrenerkennung. Das bedeutet, dass Sie nicht nur die Körpersprache des eigenen Hundes kennen müssen, sondern dass Sie auch die Zusammenhänge zwischen dem Fremdhund, dem eigenen Hund und der momentanen Situation erkennen müssen. Kommt der Fremde offensiv oder defensiv aggressiv daher, beziehungsweise gar angeflogen, mit einem Ausdruck von Beutefangverhalten? Können Sie das genau erkennen? Nein? Keine Panik. Das lernt man nicht von heute auf morgen, sondern man muss das eigene Auge schulen; das muss man üben.

Im Außenbereich, also draußen, sind wir für den Hund verantwortlich. Im Innenbereich (zu Hause) dürfen Hunde Alarm schlagen und Fremde melden. Wenn es aber darauf ankommt, müssen Sie als Hundehalter selbst den territorialen Schutz klären. Sie sind derjenige, der die Pflicht hat, alles zu regeln. Unterdessen dürfen sich Hunde völlig unbedarft verhalten und spielen oder Ähnliches. Sie brauchen sich nicht mit der Gefahrenerkennung zu beschäftigen. Wenn es darauf ankommt, muss der Hundehalter selbst vorausschauend den territorialen Schutz leisten.

Gefahrenerkennung und Abwehr ist die Pflicht des Hundehalters auch im Außenrevier. Hier können unerzogene Hunde völlig unvorbereitet in alle möglichen Gefahren rennen. So empfiehlt es sich beispielsweise, dem Hund unbedingt beizubringen, sich auf Befehl hinzusetzen und dann erst auf ausdrückliche Anweisung aus dem Auto zu springen. Erst „Sitz", dann „Hopp"!

Beispiele von frei lebenden Wölfen

Banff: Burgfriede an der Höhle

Im Sommer 1994 beobachteten meine Frau Karin und ich im ruhigen Hinterland von Banff, weit abseits der sonst üblichen Touristenströme, eine kleine Gruppe Wapitis. Die standen zu unserer Überraschung direkt *auf* dem Erdbau der Wölfe, in dem sich mehrere Welpen aufhielten. Wie waren die Hirsche dort hingekommen? Warum bliesen die erwachsenen Wölfe um den Leitrüden Gray bei solch einer günstigen Gelegenheit nicht zur Attacke? Die Hirsche grasten stattdessen seelenruhig, obwohl nur hundert Meter entfernt die Wölfe lagen und gelangweilt unter einer großen Tanne vor sich hin dösten. Hin und wieder hob einer der Beutegreifer seinen Kopf, blickte die Hirsche an, unternahm aber weiter nichts. Nach einer Viertelstunde stand einer der einjährigen Jungspunde auf, drehte sich in Wolfsmanier mehrmals um die eigene Achse und legte sich wieder hin. Wir wurden schon ganz unruhig. Jederzeit bereit für eine großartige Jagdszene, machten wir die Kamera schussfertig. Aber nichts passierte. Dann bequemte sich Wölfin Alpine, die amtierende Babysitterin der Welpen, aufzustehen. Die Hirsche blieben völlig unbeeindruckt und grasten weiter. Erst als der zweite Wolf aufstand, ein schlaksiger Rüde, setzten sie sich langsam in Bewegung und zogen gemütlich grasend den Berg hinunter, ohne Eile und ganz entspannt.

Als die Hirsche etwa fünfzig bis sechzig Meter von der Höhle entfernt waren, standen die restlichen Wölfe auf und liefen um den Bau herum. Einer schaute noch einmal kurz in den Eingang, als ob er überprüfen wollte, ob noch alle Welpen vollzählig anwesend waren.

Wie auf Kommando warfen sich die Wölfe nun kurz gegenseitig einige Blicke zu. Das Resultat: Ein Ruck ging durch die gesamte Mannschaft, und alle Körpersignale veränderten sich in Sekundenschnelle. Blitzartig wurden aus entspannten Tieren echte Beutegreifer. Die Hatz auf die Hirsche war eröffnet. Jeder Wolf wusste genau, was als Nächstes zu tun war – mit Ausnahme eines jungen Schnösels, der auf uns einen leicht konfusen Eindruck machte. Vater Gray nahm das Heft in die Hand. Seine Initiative nahmen die anderen Wölfe zum Anlass, die Hirschgruppe zu verfolgen. Sie jagten sie zickzack mehrmals über den Fluss hin und her. Einer der Hirsche stolperte zwar, schaffte es jedoch gerade noch, das Gleichgewicht zu finden. Alpine war ihm dicht auf den Fersen. Leider gelang es ihr nicht, das große Beutetier zu Fall zu bringen. Anhand der typischen Bewegungsabläufe erkannte Gray sehr schnell, dass es sich um gesunde, wehrhafte Hirsche handelte. Alpine war das offensichtlich auch aufgefallen. Sie drehte ab und lief zur Höhle zurück. Diesmal war es wohl nichts mit der schnellen Beute; das Festmahl blieb aus. Die ganze Familie drehte um und trottete nach der vergebenen Chance missmutig nach Hause. Alle Welpen sprangen ungeduldig aus dem Bau und freuten sich wohl schon auf eine leckere Mahlzeit. Falsch gedacht! Gray brummte, zog die Lefzen an und warf einen der Welpen auf den Boden. Dann legten sich alle Wölfe wieder in ihre Schlafmulden. Die Kleinen merkten recht bald, dass hier nichts zu holen war, und zogen sich geschickt aus der Affäre, indem sie die Erwachsenen, die nach der erfolglosen Jagd schlecht gelaunt waren, einfach in Ruhe ließen.

Wir waren zu diesem Zeitpunkt selbst noch absolute Feldforschungsschnösel und riefen unseren Mentor Paul Paquet an, einen erfahrenen Wolfsbiologen. Wir wollten wissen, warum die Wölfe die Hirsche, die sich quasi auf einem Silbertablett anboten, nicht gejagt hatten. Paul erklärte uns, dass es ein ungeschriebenes Gesetz gibt, das man „Burgfrieden" nennt. Es bedeutet, dass Wölfe keine großen Beutetiere in direkter Nähe zur Höhle töten, und sei die Gelegenheit noch so günstig, weil sie dadurch andere Großbeutegreifer wie Bären und Pumas anlocken und so ihren Nachwuchs in Gefahr bringen. Eine tolle Sache, so ein Burgfrieden. Wir begannen langsam zu ahnen, wie viel mehr wir noch von den Wölfen würden lernen können.

Yellowstone: Kadaver-Streit

Im Lamar Valley hatte das Druid-Rudel einen Bison getötet. Innerhalb kürzester Zeit erschien die ganze Parade Möchtegern-Nutznießer, um ebenfalls einen Teil vom gedeckten Tisch abzubekommen. Es war eine dieser filmreifen Szenen, für die der Yellowstone-Park so berühmt ist. 26 Wölfe (15 Erwachsene und 11 Welpen) lagen um den Kadaver herum und warteten darauf, dass der große Grizzly, der ihnen die Beute weggenommen hatte, satt wurde. Als er sich endlich aufmachte und die Wölfe zum Futter wollten, wurden sie von einer etwa 50-köpfigen Bisonherde vertrieben. Wieder mussten die Kaniden in die Warteschleife, denn jeder Versuch, sich dem Kadaver zu nähern, wurde mit drohend

gesenkten Köpfen der Bisonbullen gekontert. Da gab es kein Rankommen.

Ein weiterer, noch größerer Grizzly näherte sich, und in der darauffolgenden Stunde versuchte jeder jeden fortzujagen – die Bisons die Wölfe, die Wölfe den Bären und die Wolfsschnösel sich gegenseitig.

Dann betrat eine Grizzlymutter mit ihren zwei Jungen die Szene. Den Druids reichte es nun mit ihrer Gutmütigkeit. Sie umkreisten zunächst die kleine Bärenfamilie und flogen dann urplötzlich auf die Grizzlys zu. Es begann ein Kampf, bei dem Mama Bär versuchte, die Kleinen mit ihrer Pranke unter ihren Bauch zu schieben, während sie sich in alle Richtungen drehte, um die Wolfsangriffe abzuwehren. Irgendwann wurde einer der kleinen Bären von ihr getrennt und begann in Panik davonzurennen. Einer der Druid-Wölfe rannte hinter ihm her, immer weiter von der Mutter weg. Der Wolf griff den Mini an und immer mehr Wölfe kamen hinzu. Mutter Bär konnte nicht helfen, sie musste ihr anderes Junges verteidigen. Jetzt wurde der kleine Grizzly von ungefähr 10 bis 15 Wölfen regelrecht gemobbt. In einer Atempause kam er frei, rannte über eine offene Fläche zu einem kleinen Espenwäldchen und kletterte einen Baum hoch. Die Angreifer aber zogen ihn herunter und stürzten sich alle auf ihn. Drei-mal versuchte er, den Baum hochzuklettern, immer wieder fiel er in die Gruppe Wölfe zurück. Ich hatte jede Hoffnung für den Zwerg aufgegeben.

Endlich war es Mama Bär gelungen, sich von ihren Angreifern zu befreien, und sie stürzte herbei, um ihr Kind zu verteidigen. Diesmal fand der Kampf zwischen den Bäumen statt, was dem Grizzly einen gewissen

Vorteil bot. Die Bärin flog hin und her, drehte und wand sich, schlug mit den Pranken und brüllte die Wölfe an. Und es gelang ihr tatsächlich, die Druids von ihren Kleinen fortzujagen, die Kinder einzusammeln und sie bei sich zu behalten.

Eine Weile blieben die Wölfe noch ganz in der Nähe und warteten ab. Dann kehrten sie zum Kadaver zurück. Nach einer langen Verschnaufpause verließ die Grizzlymutter mit den beiden Bärenkindern den Schutz der Bäume und zog den Berg hinauf.

Die Wölfe schauten ihr nach, verfolgten sie aber nicht mehr. Die kleinen Bären liefen sehr schnell vor der Mutter her, ganz nach dem Motto: „Nichts wie weg hier!" Manchmal stellte sich das eine oder andere Bärenjunge auf die Hinterbeine und schaute zu den Wölfen zurück, bis sie schließlich hinter dem Berg verschwunden waren.

Die Druids legten sich wieder ruhig beim Kadaver nieder und begannen langsam zu fressen. Diesmal gehörte das Fleisch ihnen ganz allein.

Der Mensch sieht vorausschauend in die Landschaft, um eine Gefahr für seinen Hund bereits im Vorfeld zu erkennen und gegebenenfalls abzuwehren.

Territorialverhalten im Revier – Wem gehört das Sofa?

Behauptet wird ...

... Ranghohe Wölfe bestehen immer auf den Eigentumsanspruch, egal, um welche Ressource es sich handelt.

Fakt ist ...

... Generell gilt, dass ranghohe Tiere zwar Ansprüche stellen können, wann immer sie möchten, dies aber oftmals nicht tun, weil sie im wirklichen Leben weitaus mehr Pflichten als Rechte haben. Wenn sie jedoch wollen, können sie ihre Ansprüche ohne Weiteres durchsetzen.

Bedeutung für den Hundehalter

Ein Beispiel für Ihren Eigentumsanspruch an einer Ressource wäre es, wenn Sie situationsbedingt Ihrem Hund etwas wegnehmen müssen, beispielsweise, wenn er etwas frisst, was nicht soll, oder wenn er einen unbekannten Gegenstand im Maul hat. Schon früh können Sie das bei Ihrem Welpen üben. Tauschen Sie den Gegenstand gegen ein Leckerli oder üben Sie das Apportieren, indem Sie ihn mit einem „Ja, was hast du denn da Tolles?" dazu bringen, Ihnen den Gegenstand zu geben. Nehmen Sie ihn nicht gleich ganz weg, sondern geben Sie ihn wieder zurück. So lernt er, Ihnen zu vertrauen.
Sollte Ihr Hund ein Objekt aggressiv abgrenzen, nehmen Sie ihn an die Leine und binden ihn irgendwo fest. Dann legen sie das Objekt vor ihn auf den Boden, so dass er nicht dran kommt und sagen „Nein". Ist der Hund ruhig, geben Sie ihm das Objekt.

Behauptet wird ...

... Der Alphawolf besteht immer auf dem Recht, separat von der Gruppe zu schlafen, besonders auf Anhöhen, um so seinen hohen Status zu unterstreichen.

Fakt ist ...

... Es ist durchaus üblich, dass je nach Beziehungsverhältnis in der Gruppe, die Tiere mit Körperkontakt zusammen schlafen, die sich gut verstehen und das eben unabhängig von einer erhöhten Liegeposition. Manche Mitglieder einer Gruppe mögen sich nicht und halten dann grundsätzlich eine Distanz beim Schlafen ein.

Bedeutung für den Hundehalter

Ob Sofa, Sessel oder Bett – Mensch und Hund können sich Bequemlichkeiten teilen, weil es hier nicht um irgendein „Alphagehabe" geht. Wichtig für Sie als Hundehalter ist zu wissen, dass es eine Verhaltenskategorie gibt, die wir als „Komfortverhalten" bezeichnen. Dazu gehört nicht nur die Selbstpflege, sondern auch das Teilen von Bequemlichkeiten, wie es beim Zusammenliegen der Fall ist. Viel Körperkontakt zuzulassen oder regelmäßiges Streicheln gehören zu den *Pflichten* eines jeden Hundehalters. Auch Hunde untereinander teilen Zärtlichkeiten wie Ohren lutschen, gegenseitiges Beknabbern oder sonstige soziale Kontakte aus. Natürlich ist es keine Pflicht, seinen Hund im Bett schlafen zu lassen, beispielsweise, wenn Sie zur sogenannten „Sagrotan-Fraktion" gehören.

Dennoch gibt es bei intakter Beziehung zwischen Ihnen und Ihrem Hund keinen zwingenden Grund, warum Sie ihm Anhöhen wie Sofa, Sessel oder Bett verwehren sollten. Wenn aber eine gestörte Beziehung besteht und zum Beispiel der Hund auf dem Sofa frech zu knurren beginnt, sobald Sie sich daraufsetzen wollen, dann ist es an der Zeit, ihm Benehmen beizubringen.

Wichtig ist also, dass Sie sich situationsbedingt durchsetzen, wenn es notwendig ist. Das bedeutet aber nicht, dass Sie grundsätzlich den Hund vom Bett jagen müssen. Wie in der Wolfswelt gestalten Mensch und Hund ihre aktiven und inaktiven Phasen gemeinsam. Darum dürfen sie nachts und in Ruhephasen ruhig zusammenliegen. Natürlich wollen wir damit nicht sagen, dass Sie Ihren Berner Sennenhund jetzt auf das Bett schleifen *müssen*, nur um eine friedliche Mensch-Hund-Welt vorzuleben, wenn der Vierbeiner vielleicht lieber im Garten schläft.

Die meisten Vertreter von Kleinhunderassen lieben es erfahrungsgemäß, im Bett oder auf dem Sessel zu schlafen, ganz so wie unsere Dackelhündin Kashtin (siehe Fotos oben).

Ein Sessel ist nur eine Ressource von vielen. Unsere langjährige Erfahrung zeigt, dass ein sogenanntes Signaltraining dem Hund sehr gut vermittelt werden kann.
Bild 1: Wenn Sie nicht wollen, dass sich ein Hund ohne Decke auf ein Möbelstück setzt, sagen Sie „Nein!" und schicken ihn konsequent runter.
Bild 2: Dort, wo eine Decke liegt, darf der Hund auf den Sessel – unabhängig, ob wir da sind oder nicht.

Behauptet wird ...

... Ranghohe Tiere fordern generell immer gegenüber den rangniederen eine Individualdistanz ein.

Fakt ist ...

... Wir wissen, dass Wolfsfamilien sowohl aktiv als auch inaktiv zusammen sind. Aktiv sind sie zusammen während gemeinschaftlicher Unternehmungen wie Jagd, Wanderungen, Spiele sowie beim Einüben von Ritualen. Inaktiv sind sie zusammen beim Schlafen oder gemeinschaftlichem Dösen.

Zur Individualdistanz ist zu sagen, dass jedes Lebewesen einen gewissen Abstand zu anderen Gruppenmitgliedern toleriert.

Wir alle kennen das Gefühl, wenn uns ein Fremder zu dicht „auf die Pelle" rückt. Was diese Nähe oder Abstand angeht, so sind Wölfe im Grunde auch nur Menschen. Wenn sie genervt werden, und ihnen die Schnösel ständig zu dicht am Fell hängen, zeigen sie die Zähne und schnappen schon einmal drohend zu. Diverse Einforderungen einer Distanz sind jedoch rangunabhängig.

Bedeutung für den Hundehalter

Zum eigenen Hund brauchen Sie grundsätzlich zwar keine Distanz, wenngleich Sie diese selbstverständlich in den entsprechenden Situationen einfordern können. Machen Sie es wie die Wölfe und unternehmen Sie viel gemeinsam. Nach einem langen, gemeinsamen Spaziergang lässt es sich anschließend auch gut gemeinsam kuscheln.

Banff: Der Kuschel-Faktor

Seit Jahren können wir in Banff echte Freundschaftsbeziehungen zwischen Wölfen beobachten, die besonders durch Kontaktliegen oder enges Nebeneinander-Stehen und -Sitzen zum Ausdruck kommen. Dabei wird enger Körperkontakt unabhängig von Rang, Alter oder Geschlecht de-

Was für Mensch und Hund gilt, gilt auch für Hunde untereinander. Manche lieben es, Körperkontakt zu haben, gemeinsam in einem Korb zu schlafen oder sich einen Futternapf zu teilen. Andere mögen das überhaupt nicht und halten lieber Distanz zueinander. Dann sollten wir Menschen uns raushalten und es den Tieren überlassen, ob sie Nähe oder Distanz bevorzugen.

monstriert. Wölfe halten sich eben nicht an ein bestimmtes „Benimmbuch", das feste Regeln vorschreibt. Andererseits gibt es natürlich auch Individuen, die sich nicht so besonders mögen und die entsprechend ihre Individualdistanzen einhalten. Manche schaffen es sogar, Schwierigkeiten aus dem Weg zu gehen, ohne feste Beziehungen zu etablieren. Man meidet sich irgendwie und versucht, bloß nicht unangenehm aufzufallen. Aber es sind eben die Freundschaftsverhältnisse, die uns immer wieder sehr beeindrucken.

So hatte beispielsweise Wölfin Aster von Anfang an ein besonders enges Verhältnis zu ihrem Sohn Yukon. Der war im Spätherbst 2000 zu einem stattlichen Brummer herangewachsen und liebte seine Mutter geradezu abgöttisch. Da wo sich Aster aufhielt, war auch Yukon zu finden und umgekehrt. Papa Storm verstand sich wiederum bestens mit seiner Tochter Nisha. Das sensible Töchterchen legte sich allabendlich neben ihren Vater. Daraufhin leckte Storm sanftmütig Nishas Gesicht, die so viel Zuneigung eindeutig genoss. Manchmal betteten sich die beiden grauen Wölfe so eng umschlungen ineinander, dass man nicht mehr wusste, wer eigentlich wer war.

Die engen Beziehungen mündeten aber auch in gänzlich anderen Lebenslagen in besondere Kooperationsbereitschaften. Bei der Jagd fiel der schon leicht ergrauten Aster das Hetzen von Beutetieren sichtlich schwer. Die Leitwölfin verfügte aufgrund ihrer reichen Erfahrung dafür über andere Qualitäten: Sie zeigte hervorragendes „Blockierverhalten", das heißt, sie schnitt der Beute taktisch geschickt den Fluchtweg ab. Da Yukon alle Grundverhaltensweisen und

Unternehmungen seiner Mutter genau zu kopieren versuchte, wurde er später auch ein guter Blockierer. Junge Wölfe lernen am lebenden Beispiel. Ich brauche sicher nicht mehr zu erwähnen, dass sich Nisha die guten Sprinteigenschaften vom Vater abgeschaut hatte und zur exzellenten Sprinterin wurde.

Offensichtlich kopieren Schnösel in erster Linie genau die Verhaltensweisen desjenigen Elternteils, mit dem sie eine besonders enge Bindung haben. Aster und Yukon lagen in ihren inaktiven Phasen fast immer zusammen, ebenso wie Nisha und Storm. Hier in Banff können wir sehen, dass die Tiere, die oft engen Körperkontakt pflegen, auch am häufigsten die Verhaltensweisen der „Kuschelpartner" kopieren. Spezielle Bindungsverhältnisse haben demzufolge definitiv einen starken Einfluss auf Verhaltensanpassungen. Ob dies jedoch nur für Eltern und ihren Nachwuchs aus dem ersten Jahr gilt, wissen wir nicht genau. Eines scheint gewiss: Über tolerante, großzügige vor allem sozial freundliche Gesten lernt man sich gegenseitig besser kennen und muss nicht ständig testen, was man sich alles erlauben kann und wie die unterschiedlichen Elterntiere darauf reagieren. Diese goldene Regel „Vertrauen durch Kuscheln" galt in den letzten zwei Jahrzehnten nicht nur für Aster und Storm. Andere Mütter und Väter demonstrierten im Umgang mit ihren Kindern gleiches. Ob Mutter April und ihr Lieblingssohn Timber, Delinda und ihr Lieblingssohn Lakota oder Vater Nanuk und dessen favorisierte Tochter Fluffy – alle diese Vertrauensverhältnisse drückten sich durch regelmäßiges Kontaktstehen, Sitzen, Liegen oder häufiges Parallellaufen aus.

Yellowstone: Paarungszeit – Zeit der Romanze und Enttäuschung

Der Winter in Yellowstone ist die schönste Jahreszeit für mich. Nicht nur, weil ich schneeverrückt bin, sondern weil dann der Park nur noch den wenigen Menschen gehört, die Temperaturen um minus 25 Grad Celsius zu schätzen wissen.

Februar ist Paarungszeit. Diese Zeit gehört mit zu den spannendsten im Wolfsjahr. Den Glauben, dass sich nur die Leittiere paaren, hatte ich schon im ersten Jahr der Wolfsbeobachtung abgelegt. Und in jedem neuen Jahr werde ich immer wieder von neuen Geschichten aus dem Liebesleben der Wölfe überrascht.

In der ersten Zeit nach der Wiederansiedlung waren Mehrfachverpaarungen bei den Wölfen durchaus normal. Es gab genügend Platz und ausreichend Beute. Heute, wo jeder „gute" Platz mit Wolfsfamilien besetzt ist, werden die Mehrfachverpaarungen weniger, aber es gibt sie immer noch. Während der Paarungszeit tanzen die Hormone Tango, die Stimmung ist gespannt und die Frauen in den Wolfsklans tragen Zickenkriege aus.

Der Leitwolf der Druids, 480M, hatte, was Romanzen anging, immer einen schweren Stand neben seinem charismatischen Bruder Nr. 302M, der in dieser Jahreszeit stets zur Hochform auflief. Anfang Februar 2006 war es wieder einmal soweit. Die neue Leitwölfin der Druids, Nr. 526F, eine kleine, schwarze Wölfin, kam in die Ranz. Alle männlichen Wölfe der Familie waren hoch interessiert, insbesondere natürlich 302, der sich schon vor langer Zeit den Beinamen „Casanova" verdient hatte. Der Leitwolf jedoch blieb unbeteiligt.

Da konnte seine Herzensdame ihr ganzes Repertoire für ihn abspielen – sie tänzelte mit zur Seite gelegtem Schwanz vor ihm her und schmiegte sich immer wieder an ihn – ihn interessierte es nicht. Umso begehrlicher schielte 302 aus etwa drei Meter Entfernung herüber.

Als er sich vorsichtig zu nähern versuchte, stürzte sich der große Bruder auf ihn und drückte ihn zu Boden. Sichtlich enttäuscht schlich Casanova mit eingeklemmtem Schwanz zu seinem Platz und beobachtete weiterhin das Objekt seiner Begierde.

Ein wenig abseits lag eine graue Wölfin, die ebenso wie die Leitwölfin in diesem Jahr zum ersten Mal paarungsbereit war. Für sie schien sich keiner zu interessieren. Einmal lief der Leitwolf auf sie zu, zögerte dann und kehrte zu 526 zurück. Er legte sich neben sie, kuschelte sich eng an seine Partnerin, und beide schliefen ein, während 302 ihnen weiterhin begehrliche Blicke zuwarf.

Nachdem ich die unvollendete Romanze nun fast schon neun Stunden beobachtet hatte, wollte ich meine Ausrüstung einpacken und gehen. Aber plötzlich kam Bewegung in die Gruppe.

Die Leittiere paarten sich, und kurze Zeit später nutzte Casanova die Gunst der Stunde und paarte sich mit der grauen Wölfin. Zu dumm nur, dass er so lange gewartet hatte. Denn während er noch mit der Ersatzliebe im Liebesknoten hing, hatte sich das Leitpaar schon aus demselbigen gelöst und stürzte sich auf die Unglücklichen. Nacheinander wurden beide sowohl vom Leitwolf als auch von der Chefin verprügelt, bis sie sich befreien konnten. Kurz danach lagen alle wieder einträchtig und erschöpft zusammen.

Mein Revier – dein Revier

Wölfe sind unterschiedlich territorial veranlagt. Manchmal bekämpfen sie sich massiv und töten sich sogar. Manchmal verhalten sie sich aber auch tolerant und bilden neue Gruppierungen. Bei Hunden ist dies noch extremer, weil durch Selektion oder Zuchtauslese bestimmte Eigenschaften besonders hervorgehoben worden sind. So tendieren Gebrauchshunderassen (Schäferhund, Rottweiler, Dobermann) zum strengeren Verteidigen ihres Reviers, während Meutehunde (Beagle, Basset, Hounds) oder auch Nordische Hunde geselliger und weniger misstrauisch sind und deshalb ihr Revier nicht so massiv verteidigen.

Als „Innenrevier" bezeichnet man das Areal, in dem man sich zu 75 Prozent der Gesamtzeit aufhält, das bedeutet für uns Wohnung oder Haus und Garten.
Im „Außenrevier" hält man sich zu 25 Prozent auf, beispielsweise bei Spaziergängen oder beim Stadtbummel.
Das Auto bezeichnen wir als „rollendes Revier", das von der „Kriegsfront" A zu „Kriegsfront" B fährt. Selbst die unsichersten Hunde fühlen sich hier sehr sicher und machen gerne ein Riesenspektakel, was es natürlich beizeiten zu kontrollieren gilt. Hier kann eine Hundebox sehr hilfreich sein, weil sie dem Tier Sicherheit bietet.

Das Lamar Valley, wegen seiner Artenvielfalt auch „Serengeti Amerikas" genannt, ist ein begehrtes Revier gleich mehrerer Wolfsfamilien in Yellowstone.

WOLF, MENSCH UND HUND SIND JÄGER

Jagdverhalten und Teamwork

Wenn junge Hunde gern jagen, haben wir einen kleinen Trick: Sofern Sie einen gut erzogenen erwachsenen Hund haben, kaufen Sie sich eine Doppelleine (Leine mit zwei Haken). An den einen Haken nehmen Sie den jungen und an den anderen Haken den alten Hund. Jetzt rufen Sie den alten Hund. So lernt der Schnösel durch das Alttier, zurückzukommen. Dies gilt natürlich nur, wenn die Größenverhältnisse stimmen und nicht, wenn beispielsweise der erwachsene Papillon den Neufundländer zieht.

Behauptet wird ...

... Wölfe leben immer – je nach Größe des Hauptbeutetieres – in kleineren oder größeren Gruppen, um gemeinsam große Beutetiere zu jagen. Wölfe töten jedes Tier, das sie jagen, und sie müssen immer große Tiere fressen, damit sie überleben können.

Fakt ist ...

... Wölfe leben in erster Linie in Gruppen, um gemeinsam ein Revier nach außen zu verteidigen und um Beutetiere schnell zu verzehren, damit keine Fresskonkurrenten angelockt werden. Wie unsere Studien in Banff zeigen, können sich Wölfe in schlechten Zeiten über Monate hinweg von Kleinbeute wie Hasen, Wühlmäusen oder Erdhörnchen ernähren. Hauptsache, die Kosten-Nutzen-Energiebilanz geht auf. Das heißt, jeder Wolf muss langfristig bei der Jagd mehr Energie zuführen als er verbraucht. Eine Kunst, die erwachsene Tiere sehr gut beherrschen.

Bedeutung für den Hundehalter

Es ist bekannt, dass Hunde tatsächlich hin und wieder in Gruppen jagen. Ist einer der Hunde in der Gruppe ein Jäger, dann wäre es der schlimmste Fehler, auch die jungen Hunde in der Gruppe frei laufen zu lassen, weil die sich sofort am Verhalten des erfahrenen Jägers orientieren und so das selbstständige Jagen erlernen. Generell gilt bei jagenden Hunden das „Meutegesetz". Das bedeutet, dass die unerfahreneren auf denjenigen achten, der die Jagd initiiert. (Einer initiiert, die anderen imitieren.) Deswegen muss jedem einzelnen Hund frühzeitig – spätestens jedoch in der Junghundephase – ein Stoppsignal beigebracht werden: Halt! Stopp! Steh! Überlegen Sie daher genau, welche Hunderasse Sie sich anschaffen wollen. Als besonders problematisch sehen viele Hundebesitzer die große Jagdleidenschaft der Hunde aus dem Süden wie Podenco und Co. Unser Tipp: Entgegengesetzt der landläufigen Auffassung empfehlen wir, gerade solchen Hunden zunächst an der langen Leine das Mäusefangen nicht nur zu erlauben, sondern aktiv mit ihnen zusammen herumzusuchen. Dadurch konzentriert sich der Hund auf einem überschaubaren Feld mehr auf den Boden, als sich in der Landschaft nach fluchtauslösenden Schemata umzuschauen. So können Sie Ihren Hund schön auslasten, anstatt ihn völlig gelangweilt „glücklich an der Leine" zu führen. Wichtig ist allerdings, dass Sie Ihren Hund konsequent mittels langer Leine und Abbruchsignal beibringen, das Mäusefangen abzubrechen, wenn Sie es wollen.

Behauptet wird ...

... Der Alpha führt immer die Jagd an.

Fakt ist ...

... Was die Jagd angeht, so wissen wir, dass es bei Wölfen keinen speziellen „Jagdanführer" gibt. Wir wissen außerdem, dass Wölfe im Sommer nicht als Gruppe unterwegs sind, sondern eher alleine oder paarweise jagen. Selbst wenn die gesamte Gruppe jagt, müssen nicht die Leittiere diejenigen sein, die die Jagd anführen. Diese übernehmen meist erst die Führung, wenn es zum direkten Kontakt zwischen Wolf und Beute kommt, denn sie sind die erfahrensten Jäger, die eine Beute schnell und effizient erlegen können.

Bedeutung für den Hundehalter

Bei der Jagd im Mensch-Hund-Gespann gelten andere Regeln als bei den Wölfen. Während Wolfseltern ihren Jungen bei der Jagd beibringen, selbstständig Beutetiere zu erlegen, wollen wir natürlich nicht, dass unser Hund in Wald und Flur auf eigene Faust unterwegs ist und eigene Entscheidungen trifft. Beobachten Sie daher besonders im Welpenalter das Verhalten Ihres Schnösels während des Spaziergangs sehr genau. Sehen Sie, dass er intensiv an Wildfährten schnuppert, brechen Sie das Verhalten durch ein klares „Nein!" ab. Tun Sie dies nicht, speichert sich der Geruch von Wildtieren im Gehirn des Kleinen.

Der „Gummi-Twist-Ersatzbeute-Test"

Das Jagdverhalten des Hundes sollte möglichst schon im frühen Jugendalter vom Menschen unter Kontrolle gebracht werden. Als guter Trick hat sich ein kleiner Test erwiesen: Kaufen Sie ein kleines Stofftier und befestigen Sie daran ein elastisches Gummiband. Das andere Ende binden Sie an einem Baum, Schild, Pfahl oder Ähnlichem fest. Jetzt ziehen Sie das Ganze stramm. Ein Helfer hält derweil den Hund fest. Wenn Sie jetzt das Stofftier loslassen, wird es als „Ersatzbeute" davonschnellen. Dann lassen Sie den Hund los. Rast er der „Beute" hinterher, versuchen Sie, durch ein Stoppzeichen zu verhindern, dass der Hund die Ersatzbeute packt und schüttelt.

Wenn dies nicht gelingt, müssen über einen Zeitraum von mindestens zwei bis drei Wochen dem Hund Stopp- und Abbruchsignale beigebracht werden, so lange, bis er kontrolliert werden kann.

Zusätzlich sprühen Sie die Ersatzbeute mit Hasen- oder Fuchsgeruch ein, um das Ganze noch etwas realistischer zu gestalten. Diese Duftstoffe erhalten Sie in Jagdgeschäften. Üben Sie wieder so lange, bis sie ihren Hund abrufen können. Und Vorsicht: Wenn es mit einer Stoff-Ersatzbeute schon nicht klappt, dann können Sie sicher sein, dass es mit einem lebenden Kaninchen im Feld schon gar nicht gelingt.

Zeigt ein Junghund im Alter von vier bis sechs Monaten Beutefangverhalten, sollte dies sofort durch Stopp-Signale unterbrochen werden. Hindern Sie ihn daran, wenn er losrasen will! Beutefangverhalten darf sich nicht verselbstständigen, sondern muss von Ihnen kontrolliert werden. Voraussetzung hierfür ist natürlich, dass der Hund grundsätzlich erzogen werden muss. Ansonsten verweisen wir auf die „Gummi-Twist-Übung".

Behauptet wird ...

... Wölfe haben keine Jagdstrategie und
hetzen planlos allem hinterher, was sich
bewegt.

Fakt ist ...

... Der Jagderfolg von Wölfen hängt stark
vom Lebensraum, dem Beutetiervorkom-
men und der Naivität der Beutetiere ab.
Während Wölfe durchaus auch mehrmals
hintereinander zum Erfolg kommen können, kann der Misserfolg bei der Jagd auch
schon einmal bei bis zu 80 Prozent liegen.
Bei schlechten Nahrungsverhältnissen
können sich Kaniden auch für längere Zeit
auf kleine Tiere umstellen und sich von
Mäusen, Wühlmäusen oder Bibern ernähren. Hauptsache, die Energie-Kosten-Nut-
zen-Bilanz geht auf.
Die Jagdstrategien der Wölfe unterscheiden
sich je nach Lebensraum und elterlicher
Familienkultur enorm. Ebenso sind die
Wetterverhältnisse (hoher Schnee) und die
Strategien der Beutetiere entscheidend.

Bedeutung für den Hundehalter

Da wir als Menschen unseren Hunden nicht
vorleben können, wie, wo und was man
jagt, fehlen unseren Vierbeinern die Anlei-
tung und die Vorbilder. Darum jagen sie
planlos allem hinterher. Im Gegensatz zu
den Wölfen müssen Hunde ihre Energie
auch nicht einteilen, da sie von „Hotel
Mama" versorgt werden. Erik Zimen sagte
es einmal sehr trefflich: „Hunde jagen,
Wölfe gehen auf die Jagd."

*Welpen zeigen bis auf wenige Ausnahmen noch
kein biologisch stimmiges Jagdverhalten, stattdessen einzelne Sequenzen aus dem Beutefang
wie Anspringen, Beuteschütteln oder Nackenbei-
ßen. Sie kennen aber noch keine „Jagdkette" vom
Anpirschen, Schleichen, Scheuchen/Hetzen, Packen, Schütteln bis zum Töten und Konsumieren.
Darum brauchen Sie sich als Hundehalter, solange Bello noch ein Welpe ist, noch keine großen
Gedanken darüber machen. Für Junghunde gilt
das zuvor Gesagte (siehe S. 158). Aber Vorsicht:
Dies gilt für alle Kleinhunderassen (wie beispielsweise Kleinterrier) nur eingeschränkt, da
sie eine schnellere Entwicklung durchlaufen.*

Das hundliche Jagdverhalten kann man dem Tier nicht abgewöhnen, sondern nur in kontrollierte Bahnen lenken. Vernünftige, realistische Tipps finden alle, die sich mit diesem Problem beschäftigen müssen, in Pia Grönings Buch: „Antijagdtraining: Wie man Hunde vom Jagen abhält."

Behauptet wird ...

... Wölfe sind die „Gesundheitspolizei"; sie fressen nur die Alten, Kranken und Schwachen.

Fakt ist ...

... Die Stelle als „Gesundheitspolizei" ist von den Wölfen so noch nicht besetzt. Als Opportunisten ist es für sie einfacher, leicht erlegbare Beute zu schlagen. Aber auch gesunde Beutetiere machen (unabhängig vom Alter) strategische Fehler, dann laufen sie Gefahr, getötet zu werden. Die Jagderfolgsquote ist am Ende des Winters besonders hoch, wenn die Schneekruste schon verharscht ist und die Beutetiere einsinken, während die Wölfe mit ihren großen, gepolsterten Pfoten noch leicht darauf laufen können. In dieser Zeit töten die Wölfe auch besonders viele der großen, mächtigen Hirschbullen, was uns Beobachter befremden mag. Jedoch sind es gerade diese Beutetiere, die sehr geschwächt in den Winter gehen. Die Brunft im Herbst und die anschließende Paarungszeit haben viel Kraft gekostet. Die Hirschdamen dagegen gehen gestärkt in den Winter. Die angesammelte Energie brauchen sie für ihren Nachwuchs im Frühjahr.

Bedeutung für den Hundehalter

Hunde betätigen sich nicht als Gesundheitspolizei, sondern sie werden als Begleiter des Menschen bei der Jagd je nach ihren Eigenschaften gezielt eingesetzt, vom Meutehund bis zum Steller und Verbeller.

Entgegen landläufiger Meinung eignen sich viele Jagdhunderassen (zum Beispiel: Apportierhunde) sehr wohl als Familienhunde, weil sie durch jahrhundertelange Selektion darauf gezüchtet wurden, gerne eng mit dem Mensch zusammenzuarbeiten – ähnlich wie beispielsweise auch Hütehunde. Denken Sie bei Hütehunden daran: Hüten = Jagen! Eine abgeschlossene Jagdsequenz sieht wie folgt aus: Orten – Fixieren – Abducken – Anpirschen – Hetzen – Packen – Schütteln – Töten – Fressen.

Viele Hütehunde wie beispielsweise Border Collies zeigen bei der Arbeit starkes Fixier- und Anpirschverhalten, andere wie zum Beispiel Cattle Dogs vollführen für ihre Arbeit fast alle Elemente dieser Jagdsequenzen bis hin zum Packen beziehungsweise In-die-Beine-Zwicken. Lediglich das Schütteln, Töten und Fressen wird oftmals manipuliert, indem dieses Verhalten zum Beispiel von professionellen Hirten oder Schäfern durch entsprechende Signalgebungen gezielt abgebrochen wird.

Herdenschutzhunde (zum Beispiel: Pyrenäen-Berghund) zeigen kaum Fixier- und Anpirschverhalten, rennen aber sofort oftmals aus dem Stand los und hetzen, was viele Hundebesitzer zur Verzweiflung bringt. Schwierig zu kontrollieren sind Sichtjäger wie Afghanen, die alle Jagdsequenzen, einschließlich des Tötens, durchlaufen.

Behauptet wird …

… Wölfe töten niemals mehr, als sie fressen können.

Fakt ist …

… Wir wissen, dass Wölfe unter bestimmten Umständen mehr Beutetiere töten, als sie fressen können (Surplus Killing). Dies kann geschehen, wenn sie bei der Jagd gestört werden und immer wieder von vorn anfangen oder zuschlagen. Solange sich etwas bewegt, wird das Beutefangverhalten aktiviert, ähnlich dem berüchtigten „Fuchs im Hühnerstall". Surplus Killing kommt beispielsweise öfter vor, wenn Schafe oder Ziegen in einem Gatter eingepfercht sind, weniger dagegen bei frei lebenden Beutetieren, wie Hirschen oder Rehen.

Bedeutung für den Hundehalter

Der Hund ist trotz aller Beziehung zum Menschen und obwohl er von uns gefüttert wird, ein Beutegreifer geblieben. Wenn er wegläuft, eine Spur aufnimmt oder irgendeinem flüchtenden Tier hinterherläuft, ist er im Beutefangverhalten, was *nichts* mit einer fehlenden Bindung zu uns zu tun hat. Wenn ein Hund wie der berühmte Fuchs im Hühnerstall in eine Schafherde einbricht, müssen wir damit rechnen, dass er automatisiert handelt. Das bedeutet, dass er vielleicht nicht nur *ein* Schaf angreift, sondern einen Riesenschaden verursacht, wenn er Schaf nach Schaf attackiert, was man im Volksmund bedauerlicherweise fälschlich als „Blutrausch" bezeichnet.

Schon früh kann das natürliche Jagdverhalten mancher Rassen in sinnvolle Betätigung gelenkt werden.

Behauptet wird …

… Jungwölfe gehen nie ohne Erwachsene auf die Jagd.

Fakt ist …

… Jungwölfe sind sehr wohl alleine oder in kleinen Gruppen unterwegs. Ihr Jagderfolg ist dann jedoch meist gleich null. Manchmal stehen die Eltern noch nicht einmal auf, wenn die Schnösel „auf die Jagd" gehen. Mama und Papa nehmen das alles nicht so wichtig und lassen ihre Jungen gerne einmal eigene Erfahrungen und Misserfolge sammeln.

Bedeutung für den Hundehalter

Junge Hunde neigen dazu, alles zu erkunden und abzuhauen. Darum empfehlen wir dringend, mit ihnen schon sehr früh ein Rückrufsignal, zum Beispiel mithilfe einer Pfeife, konsequent einzuüben und zunächst bei den Spaziergängen eine lange Leine zu verwenden. Lassen Sie den Junghund erst frei laufen, wenn der Rückruf zuverlässig klappt. Haben Sie dieses Ziel erreicht, kann Ihr Hund ein langes Leben in kontrollierter Freiheit genießen.

Eine gute Bindung zwischen Mensch und Hund entsteht in erster Linie durch viele soziale Kontakte vom Welpenalter an. Die gemeinsame Jagd, die vielerorts zur zentralen Bindungsanforderung hochstilisiert wird, spielt realistisch betrachtet eher eine untergeordnete Rolle.

Behauptet wird ...

... Wölfe jagen nur nachts.

Fakt ist ...

... Wenn Wölfe keinen Jagddruck haben, also nicht vom Menschen verfolgt werden, jagen sie zu allen Tages- und Nachtzeiten. Die Jagdzeiten sind auch von der Tagestemperatur abhängig. Die Faustregel lautet: Je heißer es ist, desto inaktiver sind die Wölfe, und je kühler umso aktiver. Wölfe lieben es, bei Nebel auf die Jagd zu gehen, weil sie sich dann unbemerkter an die Beute anschleichen können. Dabei sind ihnen ihr feines Gehör und ihre gute Nase eine große Hilfe.

Bedeutung für den Hundehalter

Lassen Sie Bello frühmorgens und spätabends in der Dämmerung nicht frei laufen, weil dann besonders viele Wildtiere unterwegs sind. Zwar sollte ein Hund generell auch Freilauf haben, aber das gilt nur tagsüber. Es sei denn, Sie können ihn zuverlässig kontrollieren. Die letzte Pinkelrunde abends muss nicht die große Freiheit sein. Völlig unkontrollierbare Hunde sollte man grundsätzlich an der Leine führen.
Tipp: Hunde, die etwas weglaufen sehen, bellen häufig, was bereits die Vorstufe für „Spurlaut" ist. Wenn Ihr Hund bellt, weil er etwas gesehen oder gerochen hat, lassen Sie ihn auf keinen Fall von der Leine, da er ansonsten sofort wegrennt. Machen Sie so lange ein gezieltes Training mit langer Leine und Pfeife, bis sich der Hund auf Sie konzentriert.

Behauptet wird …

… Wölfe sind immer unterwegs, um auf die Jagd zu gehen oder das Revier zu patrouillieren. Spazieren gehen sie nie.

Fakt ist …

… Wölfe sind aus den unterschiedlichsten Gründen unterwegs und nicht nur aus Gründen, die mit dem Überleben zu tun haben.

Wenn sie gut gefressen haben, bleiben sie nicht ständig am Kadaver. Sie schlafen eine Weile, stehen dann auf, trödeln herum, gehen hierhin und dorthin, machen einen Verdauungsspaziergang und kommen wieder zurück.

Wölfe laufen nicht ständig zielgerichtet umher, sind nicht immer auf der Jagd, und auch nicht immer dabei, ihr Revier neu abzustecken. Manchmal laufen sie auch einfach nur so herum, schnüffeln hier, schnüffeln da, laufen ein Stück nach rechts, laufen ein Stück nach links und lassen sich Zeit beim zwangslosen Erkunden ihrer Umwelt. Beim Herumbummeln gewinnt man neue Eindrücke. Das bezeichnen wir als „Spazierengehen".

Ist das Ziel dagegen die Jagd, erkennen wir schon an ihrem Blick und ihrer Körpersprache, ob es ihnen ernst ist.

Bedeutung für den Hundehalter

Mensch und Hund müssen gemeinsam ohne jegliche Jagdambition oder ernsthafte Revierpatrouille bummeln gehen dürfen – einfach so, ohne irgendeine Philosophie zu befriedigen. Sie sollen sich draußen entspannen, die reichhaltigen Wunder der Natur genießen, Spaß haben am Leben, die Umwelt erkunden. Wer regelmäßig spazieren geht, ist ausgelastet, und jeder Hund liegt dann abends völlig zufrieden in seinem Korb.

Neben den bereits erwähnten täglichen ausgedehnten Spaziergängen brauchen Hunde zusätzliche kleine „Pinkelrunden" und können dabei auch an der Leine bleiben. Wenn Sie einen Garten besitzen, sind Sie bei schlechtem Wetter mit einem „Geh mal Pipi machen!" fein raus.

Behauptet wird …

… Wölfe machen nichts anderes, als Beutetiere verfolgen oder Fressen. Ihr Zusammenleben ist auf die gemeinsame Jagd orientiert.

Fakt ist …

… Jagen und Fressen machen in Revieren mit durchschnittlichem Beutetierangebot gerade einmal gut ein Drittel des wölfischen Zusammenlebens aus. Nur wenn die Nahrung knapp wird, wird häufiger nach Fressbarem gesucht. Wölfe sind hochsoziale Lebewesen, weshalb sie sich täglich ausgiebig vor allem miteinander beschäftigen. Sie interagieren und spielen viel oder albern wie übermütige Kinder einfach herum. Manche scheinen sogar regelrechten Hobbys zu frönen, wie auf dem Rücken Abhänge herunterzurutschen oder mehrmals hintereinander mit Anlauf in einen Fluss zu springen und schwimmen zu gehen.

Bedeutung für den Hundehalter

Im Zusammenleben von Mensch und Hund sind Jagen und Fressen eher zweitrangig. Viel wichtiger sind das gemeinsame Spiel und die gegenseitige Bekundung am sozialen Interesse. Menschen, die mit ihren Hunden viel Körperkontakt pflegen, die ihnen Schutz und Geborgenheit vermitteln und sie vorallem am vielfältigen Alltagsgeschehen teilnehmen lassen, fördern den Gemeinschaftssinn und vermitteln dem Hund, dass er ein wichtiges Mitglied der Mensch-Hund-Gruppe ist.

Ausgebildete Arbeitshunde, wie dieser Griffon (Bild oben) jagen beziehungsweise apportieren nach entsprechendem Training auf Signal. Dagegen zeigen die beiden Hunde unten schon einen Ansatz zum selbstständigen Jagdverhalten auf Wasservögel, das vom Menschen kontrolliert werden muss.

Beispiel von frei lebenden Wölfen

Banff: Strategie auf dünnem Eis

März 2009. Nachdem den ganzen Morgen über kein einziger Wolf aufgetaucht war, beschloss ich, mit meinem Hund Jasper auf dem zugefrorenen Bow-Fluss spazieren zu gehen. Jasper nahm zwar eine Wolfsspur auf, aber die schien schon ein wenig älter zu sein, denn sein Interesse war nicht besonders groß. Wir schlenderten ein wenig umher, hielten Ausschau nach Wolfskot. An einer Weggabelung fand Jasper dann eine kleine Urinmarkierung. Präzise abgesetzt auf einem Baumstumpf, so wie erwachsene Tiere dies routinemäßig tun. Eigentlich wollten wir schon wieder unverrichteter Dinge umkehren, schließlich war es minus 20 Grad Celsius kalt.

Doch plötzlich hörte ich ein merkwürdiges Geräusch, ein Kreischen und Schreien, als würde eine Katze von einem Hund getötet. Nur 300 Meter von mir entfernt, war ein Hirsch auf dünnem Eis eingebrochen. Dann sah ich einen Wolf: schwarz-grau, kompakt, hochbeinig. Durch mein Fernglas erkannte ich Lakota. Der war gerade im Begriff, den Hirsch, der versuchte, zu entkommen, am linken Halsbereich zu packen und zu töten, was nicht sofort klappte. Es begann ein Kampf auf Leben und Tod. Mehrmals versuchte das Opfer, sich aus seiner Lage zu befreien und auf das Eis zu klettern. Aber der Wolf umkreiste die Einbruchstelle und ließ das Tier nicht mehr aus dem Loch heraus. Nach dreieinhalb Stunden war der Hirsch so unterkühlt und erschöpft, dass Lakota bei seinem letzten Angriff leichtes Spiel hatte, ihn zu töten. Lange genug hatte

es ja gedauert. Jasper saß die ganze Zeit still neben mir und beobachtete gespannt die Szene. Am liebsten hätte er wohl kräftig mitgemischt. Aber das war natürlich viel zu gefährlich. Dieses Beispiel ist kein Einzelfall. Wölfe kennen ihren Lebensraum nach einem langen Lern- und Erforschungsprozess sehr genau und können zum Beispiel anhand der Farbe des Eises erkennen, wo es dicker und wo es dünner ist. Sie können sogar unterscheiden, wo der Fluss zufriert. Dieses spezielle Wissen hilft ihnen, flexibel auf die jeweiligen Umstände zu reagieren. Viele Menschen trauen ihnen nicht zu, sich Landschaftsabschnitte genau einzuprägen und daraus Rückschlüsse zu ziehen. Wir, die wir die Wölfe jeden Tag genau beobachten, schon. Denn Lakotas Vorgehen beweist ganz klar, dass Wölfe strategisch handeln und Beutetiere ganz bewusst aufs Glatteis führen oder zu einer Stelle treiben, wo das Eis dünn ist. Die schweren Beutetiere brechen ein, während die leichten Wölfe noch sicher sind. So können sie wie Schachspieler taktieren und ihre Beute schachmatt setzen. Auch Delinda beherrschte diese Kunst perfekt und lebte sie ihren Jungen sehr oft vor. Aber auch Bewegungsabläufe auf rutschigem Eis wollen gelernt sein. Viele übermotivierte Schnösel müssen deshalb erst einmal eigene, mitunter schmerzvolle Erfahrungen sammeln. Dann läuft es nach dem Erfolg-Misserfolg-Prinzip. Häufig verhalten sich leicht tölpelhafte Youngsters nämlich viel zu hektisch und landen dann etwas unwirsch auf dem Boden der Tatsachen. Manchmal stehen die Eltern direkt daneben und scheinen sich zu fragen, ob der Nachwuchs jemals die gewonnenen Erkenntnisse umsetzen wird.

Yellowstone: Die Jagd auf Bisons – eine Herausforderung

In Yellowstone haben wir die einmalige Gelegenheit, fast täglich Wölfe bei der Jagd zu beobachten. Meine spannendste Beobachtung war die Jagd von 37 Druid-Wölfen auf eine Herde Hirsche. Dabei ist die Jagdtaktik so einfach wie clever. Die Wölfe nehmen eine große Herde in die Zange und bringen sie in Bewegung. Dann trennen sie einzelne Gruppen ab, so lange, bis schließlich nur noch eine Handvoll Tiere übrig ist. Aus diesen wählen sie das potenzielle Opfer. Die Hauptbeutetiere der Wölfe sind in Yellowstone die großen Wapitihirsche. In abgelegeneren Gebieten jedoch wie im Pelican Valley, in dem es im Winter keine Hirsche gibt, haben sich zwei Wolfsgruppen auf die Jagd von Bisons spezialisiert.

Das Pelican Valley liegt in einem der entlegensten und unwirtlichsten Teile des Parks. Die Hirsche ziehen im Herbst in die Täler hinunter, nur die mächtigen Bisons halten sich ganzjährig hier auf. Einen Bison zu jagen, der fast 20-mal schwerer ist als ein Wolf, ist sehr gefährlich. Während es bei der Hirschjagd auf Schnelligkeit ankommt, wird bei der Bisonjagd Kraft gebraucht. Darum bestehen Wolfsgruppen, die Bisons jagen, auch überwiegend aus großen, kräftigen Rüden, so wie Mollies Gruppe.

Diese Wölfe haben sich eine besondere Strategie ausgedacht, um die Tiere zu erlegen. Dazu machen sie sich im Frühjahr die besondere Landschaftsform des Pelican Valley zunutze. Während in den Senken des Hochtals noch tiefer Schnee liegt, ist er auf den Hügeln schon getaut und gibt das frische Gras frei. An diesen Stellen sammeln sich die Bisons in kleinen Gruppen und fressen. Hier sind sie unangreifbar. Für die Wölfe ist die Gefahr, von den Tieren auf die Hörner genommen zu werden, sehr groß. Auch von hinten ist ein Angriff schwierig, wenn die großen Grasfresser auskeilen. Viele Wölfe sind schon bei derartigen Kämpfen schwer verletzt worden oder gestorben.

Statt direkt anzugreifen, warten die Mollies, bis die Bisons sich auf den Weg zum nächsten Grashügel machen. Dazu müssen sie durch den tiefen Schnee. Solange sie noch auf dem ausgetretenen Trampelpfad laufen, sind sie halbwegs sicher. Wehe aber, einer kommt davon ab. Er versinkt im tiefen Schnee und findet kaum die Kraft, wieder von selbst herauszukommen. Dies ist die Gelegenheit für die Wölfe zuzuschlagen. Ich konnte dies einmal Anfang Mai beobachten. Die Wölfe lagen auf der Lauer. Immer wenn die Bisons in einer Reihe durch den Schnee zum nächsten Grashügel zogen, griffen die großen Kaniden an. Schon vorher hatten sie schwächere Tiere ausgemacht. Die waren ihr Ziel. Sie griffen sie meist von der Seite an, verbissen sich in sie und hingen an ihnen wie Lametta an einem Weihnachtsbaum. Den kräftigeren Bisons gelang es, sich mit den daranhängenden Wölfen zur Grasfläche zu schleppen, wo ihnen andere Bisons zu Hilfe kamen. Dann mussten die Wölfe loslassen und sich zurückziehen. Gegen Ende des Tages hatten sie es endlich geschafft. Eine junge Bisonkuh hatte keine Kraft mehr, sich gegen die Übermacht zu wehren. Sie hatte so viele Wölfe an sich hängen, dass sie vom Pfad abkam und im tiefen Schnee stecken blieb. Für die Wölfe hatten sich Geduld, Teamwork und Strategie ausgezahlt.

Jagdhunde, Arbeits- hunde, Menschenhunde

Je nach „Kreation" des Menschen sind aus dem Jäger Wolf Spezialisten geworden, die sich unter anderem unterscheiden in Sichtjäger (z. B. Afghane), Fährtenhunde (z. B. Bloodhound), Steller und Verbeller (z. B. Laika). Wir unterscheiden außerdem zwischen menschenbezogenen Jagdhunden, die eng mit dem Menschen zusammenarbeiten und deshalb in Familien relativ gut zu integrieren sind (z. B. Retrieverartige und Vorstehhunde), und im Gegensatz dazu die selbstständigen Jagdhunde (viele Kleinterrier und Dackel, die bei der Jagd selbstständig in den Bau gehen und den Dachs an der Kehle packen sollen). Ganz abraten wollen wir Hunde-

haltern vom Kauf eines Kaninchenteckel oder eines Jagdterriers.

Einen weiteren Unterschied in der Selektion und der Eignung als Haushund können wir am Beispiel der Herdenschutzhunde sehen: Hier gibt es die reine Arbeitsvariante, die seit Generationen speziell für das professionelle Bewachen von Nutztieren oder von Hab und Gut gezüchtet worden ist. Aber Herdenschutzhunde, die seit Generationen als Haushunde selektiert und sozialisiert wurden, können durchaus gute Familienhunde sein. Nordische Hunde wie Huskies oder Malamutes eignen sich auch heute noch zum Ziehen von Schlitten oder Lasten. Da dies kein Rassehundeverhaltensbuch ist, sind die oben genannten Beispiele exemplarisch zu verstehen.

Mantrailing macht fast allen Hunden Spaß, weil es ihrer Natur entspricht, Menschen oder Artgenossen zu suchen.

Fressverhalten und Ernährung

Behauptet wird ...

... Der Alpha frisst immer zuerst. Beim Fressen gibt es eine soziale Hackordnung.

Fakt ist ...

... Da es in Kanidengesellschaften üblich ist, Bedürfnisse individuell zu signalisieren und anzugleichen, fressen die Leitrüden nicht grundsätzlich zuerst. Wenn Leitweibchen trächtig sind oder Junge haben, setzen sie sich an den Kadavern immer durch. Ebenso, wenn die Ressourcen knapp sind, weil die Alten fit genug bleiben müssen, um den Laden am Laufen zu halten.

Bedeutung für den Hundehalter

Ein Hundehalter darf sein eigenes Essen genießen, wann und wie er will, und er darf sein Tier füttern, wann er will. Sie brauchen also nicht mit der Fütterung Ihres Hundes zu warten, bis Sie selbst gegessen haben. Selbstverständlich kann man das zur *Regel* machen, wenn der Hund andauernd nervt, aber nicht aus angeblichen *Alpha*gründen ableiten.

Behauptet wird ...

... Der Alpha verteidigt die Beute und lässt keinen anderen ran, damit er ranghoch bleibt.

Fakt ist ...

... An großen Beuterissen nehmen Wölfe unabhängig von Rang und Geschlecht bestimmte Fresspositionen ein, die sie rangunabhängig verteidigen. Zu extremen Auseinandersetzungen kommt es dabei im Normalfall nicht, wenngleich kleinere Scharmützel wie „Das ist meins!" und „Geh weg!" durchaus an der Tagesordnung sind. Derartige Kabbeleien beinhalten auch den Austausch aggressiver Signale (Knurren, Zähne fletschen).
Während der Paarungszeit bringen sich Wolfseltern gegenseitig auch schon einmal große Brocken Fleisch als „Brautgeschenk" oder „Morgengabe".

Hunde, die gemeinsam aufgewachsen sind, haben manchmal sogar keine Probleme damit, das Futter zu teilen (Bild links). Dagegen sind im unteren Bild Streitigkeiten vorprogrammiert. Nachdem die junge und sehr gefräßige Bordeauxdogge ihren Kauknochen fixiert hat, legt sie sich demonstrativ vor ihn hin, bereit, den Knochen jederzeit zu verteidigen. Der alte Schäferhund meidet immer noch den Blickkontakt.

Bedeutung für den Hundehalter

Es ist kanidentypisch, zu stehlen oder futterneidisch zu reagieren. Deshalb empfiehlt es sich bei Mehrhundehaltung, die Futterschüsseln weit auseinanderzustellen und dafür zu sorgen, dass jeder Hund in Ruhe fressen kann und nicht beim Nachbarn stibitzt. Der Mensch sorgt für klare Vorgaben, indem er schon im Ansatz jeden Versuch des gegenseitigen Stehlens durch ein deutliches „Nein!" oder ein beherztes Wegschubsen unterbindet. Diese Regel sorgt für Ruhe und weniger Stress.

Behauptet wird …

… Wölfe dulden keine anderen Arten und Nahrungskonkurrenten an Beuterissen.

Fakt ist …

… An einem Kadaver herrscht zwischen verschiedenen Tierarten durchaus Konkurrenzdenken. Es gibt jedoch auch sehr oft situationsbedingt Fressgemeinschaften von unterschiedlichen Beutegreifern wie zum Beispiel Wolf und Bär oder Wolf und Kojote, gemeinsam mit Adlern und Raben. Andererseits sind Kojoten, wenn sie zahlenmäßig im Vorteil sind, deutlich weniger tolerant: Einzelne Wolfsschnösel, die an einem von Kojoten „besetzten" Kadaver auftauchen, werden gnadenlos in die Schranken verwiesen und oft sogar vertrieben.

Auch wenn geschauspielert, getrickst und gestohlen wurde, was das Zeug hielt, konnten die verwilderten Haushunde bei der gemeinsamen Fütterung durch Menschen untereinander sehr tolerant sein.

Bedeutung für den Hundehalter

Wenn Haushunde im jungen Alter mit anderen Tieren wie Katzen oder anderen Hunden gemeinsam groß werden, können sie durchaus zusammen aus einer Futterschüssel fressen. Das gilt aber nur für Tiere, die sich gut kennen oder eine freundliche Beziehung unterhalten. Andernfalls behandeln sie sich als Nahrungskonkurrenten, was dazu führen kann, dass jeder sein Futter massiv verteidigt.

Behauptet wird …

… Wölfe sind reine Fleischfresser und müssen fünf Kilo Fleisch am Tag fressen.

Fakt ist …

… Beim Fressen sind die großen Kaniden opportunistisch, je nach Lebensraum. Sie sind Allesfresser (mit dem Schwerpunkt auf Fleisch) und ernähren sich von Fleisch, Fisch, Vögeln, Insekten, Pflanzen, Obst und Aas. Wölfe fressen nachweislich *keinen* Mageninhalt von großen Pflanzenfressern. Was sie aber gern fressen, ist der warme Darm samt grünem Inhalt, der dann jedoch schon vorverdaut ist.

Was bei der so häufig genannten Menge von „fünf Kilo Fleisch am Tag" nicht beachtet wurde, ist, dass sich von einem Wolfskadaver bis zu 15 verschiedene andere Spezies ernähren, ganz besonders Raben, sodass wir auf eine realistische Menge von etwa eineinhalb Kilo Fleisch pro Wolf und Tag kommen.

Vergleicht man die Ernährung von Wölfen mit Hunden, könnte man die Wölfe eher als „essgestört" bezeichnen. Sie fressen unregelmäßig und in großen Mengen, was dann zu einem fast flüssigen, durchfallartigen Kot führt. Der erste Kot nach dem Fressen an einer Beute ist normalerweise schwarz und dünn, was von den zuerst gefressenen Innereien kommt.

Bedeutung für den Hundehalter

Familienhunde sind Allesfresser. Da es eine Nahrungsprägung gibt (Präferenz für Futtersorten, die man als Welpe kennenlernte), sollte man sie von klein an variantenreich ernähren, sonst erziehen wir uns einen Hund, der wählerisch wird, besonders, wenn die Nahrung auf ein bestimmtes Produkt aufgebaut ist. Darauf spekuliert die Futterindustrie.

Natürlich können Hunde auch beispielsweise mit rohem Rindfleisch ernährt werden. Dies ist jedoch kein Muss. Wir plädieren für eine entspannte Ernährungsphilosphie. Dazu gehört beispielsweise, dass Ihr Vierbeiner auch einmal Essensreste verkonsumieren darf, wie es bei unseren Großeltern noch üblich war. Für viele Haushunde ist es ein besonderes Vergnügen, Joghurt- oder Frischkäsebecher auszulecken. Jeder Hundehalter hat die Pflicht, sich darüber zu informieren, welche Nahrungsmittel giftig sind. Wichtig: Meiden Sie Süßigkeiten und vor allem Schokolade, deren hoher Kakaoanteil im ungünstigsten Fall sogar zum Tod führen kann. Auch Hunde können einmal einen Tag lang hungern – oder zumindest auf den Fünfuhrnachmittags-Keks verzichten.

Ballaststoffe mögen ja gesund sein – aber nicht in dieser Form.

Behauptet wird ...

... Der Wolf frisst alles, was er tötet, komplett auf.

Fakt ist ...

... Wenn es sich um Kleinbeute (Hasen, Mäuse) handelt, werden diese natürlich komplett heruntergewürgt, ohne dass die Tiere in Einzelteile zerlegt werden. Große Beutetiere werden überwiegend komplett aufgefressen, einschließlich aller kleinen Knochen, Rippen und des Kopfes. Auch das Knochenmark wird gerne von den Wölfen herausgelutscht und selbst das Gehirngewebe und die Schnauze enthalten noch wichtige Nährstoffe. Was von einem Hirsch nach ein paar Tagen noch übrig bleibt, ist die Schädeldecke mit dem Geweih und Teile der Wirbelsäule.

Im Winter (und besonders gegen Ende eines harten Winters) fällt es den Wölfen leichter, große Beutetiere zu reißen. Sie töten mehr, fressen aber weniger davon. Im Sommer dagegen ist die Beute gut genährt und fit, darum auch sehr viel schwerer zu erlegen. Die Wölfe töten im Sommer weniger Tiere, fressen diese dann aber fast vollständig auf.

Bedeutung für den Hundehalter

Während Wolfseltern sich keine Gedanken darüber machen müssen, ob sie den Familienmitgliedern nach dem Fressen das Futter wegnehmen oder es liegen lassen sollen, herrscht über dieses Thema in der Hundeszene Uneinigkeit. Ob man das Futter stehen lässt oder nicht, sollte man individuell betrachten. (Allerdings – wir geben es zu – sind wir auch mit Hunden gesegnet, die ihr Futter innerhalb von Sekunden vollständig inhalieren.)

Bei extrem verfressenen Hunden hat man leider das Problem, dass sie schnell fett werden. Wir haben die Erfahrung gemacht, dass der Ratschlag, das Futter knapp und so die Hunde schlank zu halten, falsch ist, weil es dazu führt, dass sie vor lauter Hunger alles klauen, was sie finden können, selbst wenn es das Katzenfutter beim Nachbarn ist. Um das Hungergefühl einzudämmen, empfehlen wir, dem Hund fünf bis sechs Mal am Tag kalorienarme Leckerlis zu geben, wie zum Beispiel Reisplätzchen, die Bello das Gefühl geben, etwas zu kauen und zu schlucken, und so den Hunger mindern.

Behauptet wird …

… Der Alpha beansprucht beim Fressen immer Herz, Leber, Nieren, weil er als Alpha stets das Hochwertigste (die Innereien) frisst und entscheidet, was die anderen fressen dürfen.

Fakt ist …

… Viele Beobachtungen zeigen, dass die Leittiere zwar diejenigen sind, die in der Endphase einer Jagd die Beute töten. Infolgedessen sind sie aber anschließend meist so erschöpft, dass sie nicht sofort anfangen können zu fressen. Vielfach ist es uns Forschern unmöglich, im Freiland genau zu beobachten, wer nach dem Töten eines Beutetieres was frisst.

Bedeutung für den Hundehalter

Ein Hund braucht sehr viel weniger Energie, als weithin angenommen. Der gemeine Haushund, der nur regelmäßig und durchschnittlich beschäftigt wird, braucht daher kein Hochleistungsfutter. Eine normale, vernünftige Ernährung reicht aus. Achten Sie aber vor allem darauf, dass Ihr Liebling schlank bleibt. Damit vermeiden Sie viele ernährungsbedingten Gesundheitsschäden.

Behauptet wird …

… Rangniedere Tiere, die Beute gemacht haben oder die von einem Kadaver ein Stück wegtragen, werden sofort von den Alphas daran gehindert und müssen es wieder abgeben.

Fakt ist …

… Auch rangniedere Wölfe können selbstständig Beute reißen und diese – manchmal sogar mit Imponiertragen (Imponierhaltung und Objekt im Maul) – wegschleppen, oftmals hinter Büsche, um sie genüsslich aufzufressen. Die Alttiere kümmern sich überhaupt nicht darum; sie haben es nicht nötig, den anderen die Beute wegzunehmen. An Kadavern reißen rang-, alters- und geschlechtsunabhängig alle Tiere Fleisch heraus und sichern es sich, so schnell sie können. Manchmal ist die Hektik dabei so groß, dass sie ganze Stücke herunterschlingen, ein paar Meter weit weg laufen, alles wieder hervorwürgen und dann erst ungestört anfangen zu fressen.

Bedeutung für den Hundehalter

Wir als Leitfiguren haben es nicht nötig, hinter jedem Hund herzulaufen, der sich einmal ein Knöchelchen oder einen Ochsenziemer nimmt, zur Seite geht und genüsslich frisst. Wir haben es auch nicht nötig, ihm ständig und dauernd aus Dominanzgründen Futter wegzunehmen. Wann immer irgendwie machbar, lassen wir den Hund in Ruhe.

Aber: Leittiere können Ressourcen wegnehmen, wann immer sie wollen.

Ansonsten verweisen wir auf unsere Ausführungen im Kapitel „Territorialverhalten im Innenrevier – Wem gehört das Sofa?"

Beispiel von frei lebenden Wölfen

Banff: Schnösel-Jagdstrategie

Im Lauf der letzten Jahrzehnte entwickelte sich im Banff-Nationalpark ein immer stärkerer Massentourismus mit entsprechender Infrastruktur. Die Stadt wird immer größer, Bahntrassen und Autobahnen durchziehen die Natur. Das beeinträchtigt zwangsläufig auch das Verhalten der Beutetiere, und entsprechend sind auch die Wölfe gezwungen, sich Alternativen zur Großwildjagd einfallen zu lassen. Deswegen jagen die Wölfe in Banff ganz gezielt auch viele kleine Beutetiere und bringen dies ihren Jungen bei. Delinda war ein klassisches Beispiel für diese Wolfslektionen. Sie erteilte ihren halbjährigen Jungen regelrecht Jagdunterricht, indem sie ihnen beispielsweise unermüdlich den allseits bekannten Mäusesprung vormachte. Dabei hörte sie sehr genau mit schief gelegtem Kopf, wo sich die Mäuse unter der Erde befanden. Sie setzte zum Sprung an und landete dann blitzschnell mit beiden Vorderpfoten auf dem Boden. Unmittelbar darauf schoss sie raketenartig mit der Schnauze vor, um alsbald stolz die Maus im Maul zu präsentieren. Die Schnösel staunten nicht schlecht. Bei solchen Gelegenheiten standen sie wie Schulkinder in der Reihe und schauten Mama über die Schulter. Anschließend übten sie so lange, bis sie es auch konnten. Aber das dauerte wochenlang.

Nach und nach und mit einer unglaublichen Geduld brachte ihnen Delinda bei, wie man sich in Notzeiten, wenn es gar keine andere Beute mehr gibt, noch über einen längeren Zeitraum von zwei bis drei Monaten ernähren kann. Später, als Delinda nicht dabei war, konnten wir beobachten, wie die Schnösel alleine Mäuse jagten. Noch etwas unbeholfen, aber immerhin.

Zum Vergleich: Während Delinda in Rekordzeiten bis zu fünfzehn Mäuse pro Stunde fing, brachte es der konzentrierteste Schnösel gerade einmal auf drei bis vier. Andere mühten sich wiederum eine halbe Stunde ab, ohne auch nur ein Beutetier zu erhaschen. Am effektivsten gingen dabei die introvertierten Charaktere zu Werke. Diese B-Typen, die erst einmal grundsätzlich die Dinge beschauen und dann erst handeln, hatten einen größeren Jagderfolg vorzuweisen, als die mitunter überforderten A-Typen (siehe S. 35).

Wenn die Jungtiere in kleinen Gruppen zusammen waren, sah es so aus, als ob sie koordinierte Maßnahmen austesteten, indem sie sich gegenseitig die kleinen Beutetiere zutrieben. Hier wurde deutlich, dass

Wölfe schon in jungem Alter lernen zusammenzuarbeiten. Manchmal stellten sie sich dazu sogar im Kreis auf. Eine immer wieder erfolgreiche Schnöselstrategie bestand darin, dass einzelne Wölfe im Mäusegebiet herumhopsten, die kleinen Nager daraufhin in Panik aus ihren Löchern kamen und direkt in die Fänge der anderen Jungwölfe rannten. Bei dieser Taktik wechselten sich die Wölfe ab. Ihr gezieltes und koordiniertes Verhalten hat uns zwar sehr fasziniert, aber im Grunde genommen wussten wir doch, woher so viel spontane Schlauheit kam. Na klar, vom Nachahmen ihrer Eltern Delinda und Nanuk. Die waren freilich erleichtert festzustellen, dass ihre Kinderschar nun endlich die Kurve gekriegt hatte und sich von nun an in schlechten Zeiten durchaus selbst ernähren konnte.

Yellowstone: Neuer Speiseplan für Wölfe Kojotenwelpen

Bisher glaubten wir immer, dass Wölfe keine anderen Kanidenarten fressen. Töten ja, aber nicht verzehren. In Yellowstone wurde ich in den letzten Jahren eines Besseren belehrt.

Es begann damit, dass zwei gelangweilte Jungwölfe Unterhaltung suchten. Die Eltern hielten sich in der Nähe der Höhle auf und kümmerten sich um die Welpen, und der Rest der Familie war auf die Jagd gegangen. Die beiden Schnösel waren schon den ganzen Tag durch das Soda Butte Valley geschlendert, auf der Suche nach etwas Spaß und „Action". Sie sprangen durch den Fluss, schnappten nach Fischen, warfen Stöckchen in die Luft, jagten ein paar Mäuse und fanden alte Knochen und Fellreste, mit denen sie Zerrspiele veranstalteten.

Der größere fand die Kojotenhöhle zuerst und steckte seinen Kopf hinein – um ihn blitzschnell wieder herauszuziehen. Laut keifend und schimpfend war eine kleine Kojotin aus dem Bau herausgeschossen und hatte sich auf den Wolf gestürzt, der vor lauter Schreck gleich ein ganzes Stück den Berg hinunterpurzelte. Jetzt war seine Neugier geweckt. Zusammen mit seinem Bruder, der wegen des Spektakels ebenfalls herbeigeeilt war, machte er sich auf, die Höhle näher zu untersuchen – ungeachtet des Lärms und der Belästigungen, die die Kojotenmutter hinter ihm veranstaltete. Diese war verzweifelt. Der Wolf hatte ihren Bau entdeckt und bedrohte ihre Jungen. Kojotenhöhlen sind sehr tief, verwinkelt und haben als zusätzliches Sicherheitssystem oft noch ein Hindernis tief im Inneren. Das kümmerte die beiden Schnösel wenig. Sie rochen die Welpen und begannen zu graben. Die Erde flog in hohem Bogen auf die Kojotenmutter, die inzwischen Verstärkung von ihrem Gefährten bekommen hatte. Die Eltern waren in Panik. Sie stürzten sich todesmutig auf die beiden Wölfe, bissen sie in Flanken und Hintern, drehten sich blitzschnell um und rannten fort, wenn die Wölfe zurückbissen. Währenddessen schrien und jaulten sie die ganze Zeit in höchsten Tönen ihre Verzweiflung in das Tal. Fast hätten sie es geschafft und die genervten Jungwölfe vertrieben, die sich immer wieder im Kreis drehten, um die schreienden Anhängsel loszuwerden. Dann aber kam Verstärkung. Zwei Altwölfe waren neugierig geworden. Sie liefen ebenfalls zur Kojotenhöhle. Nun begannen zwei Wölfe abwechselnd zu graben, während die anderen die kleineren Kaniden fortjagten.

Hilflos mussten die Kojoteneltern mit anschauen, wie die Wölfe einen Welpen nach dem anderen aus dem Bau holten und auffraßen. Als sie schließlich abzogen, nahmen sie noch zwei kleine tote Kojotenbabys mit zur Wolfshöhle.

Dies war das erste Mal, dass ich beobachten konnte, wie Wölfe Kojotenwelpen fressen. Offensichtlich waren sie auf den Geschmack gekommen, denn innerhalb der nächsten zehn Tage räumten sie noch fünf weitere Kojotenhöhlen aus. Stets wurde das Szenario vom gleichen verzweifelten Panikgeschrei der Kojoteneltern begleitet, was für mich, als absolutem Kojotenfan, schier unerträglich war.

Ich gehe davon aus, dass die klugen Kojoten ihre Lektion gelernt haben und ihre Geburtshöhle in Zukunft an einen anderen Ort verlegen als ausgerechnet mitten ins Wolfsgebiet.

Ernährung Wolf – Hund

Wie man einen Hund ernähren soll, darüber gibt es zahlreiche Philosophien, die sich auch immer wieder ändern, beziehungsweise einfach nur Modetrends folgen. Grundsätzlich kann man von folgenden Ernährungsformen ausgehen:
– Industriell hergestelltes Futter
– Vegetarische Hundeernährung
– Tischabfälle
– Rohfütterung
Eine konkrete Aussage zu diesen Ernährungsformen wäre nur über eine Langzeit-Vergleichsstudie möglich, die aber bisher nicht vorliegt. Niemand hat bisher verschiedene Hundegruppen vom Welpenalter bis zum Tod in Vergleichsstudien wie oben genannt ernährt.

Ein Wort zum Thema „generelle Hausstandsregeln"

Vorab: Hausstandsregeln haben nichts mit Dauerdominanz gemein! Sie sind dann sinnvoll, wenn Menschen es nicht geschafft haben, eine klare Struktur aufzubauen und wenn zu Hause das reine Chaos herrscht. Dann geben feste Regeln dem Hundehalter etwas an die Hand, das ihn sicher agieren lässt. Der Hund lernt so, die Beziehung zu einem Besitzer in den Vordergrund zu stellen und sich im Bedarfsfall rückzuversichern, was er darf und was nicht.

Einige Beispiele

Es empfiehlt sich grundsätzlich, einem Hund von klein auf feste Plätze zuzuweisen, damit man ihn gegebenenfalls dorthin schicken kann, und sei es nur, um den Hund einfach mal „aus den Füßen" zu haben. Sinnvoll kann auch sein, darauf zu bestehen, dass er vor dem Fressen „Sitz" macht. Wer viele Rituale einübt, weiß in jeder Lebenslage ohne großes Nachdenken, was als Nächstes zu erwarten ist.

Jeder weiß: Hunde gehen zur Revierabgrenzung gerne strategisch vor und legen sich am liebsten dorthin, wo sie alles im Blick haben. Der Nachteil: Klingelt es an der Tür, ist der Hund als Erster dort und regelt alle revierrelevanten „Fragen". Wir schlagen deshalb vor, seinen Liegeplatz grundsätzlich aus dem Eingangsbereich zu verbannen. Das Gleiche gilt auch oft für Nahrungsressourcen. Wer seinem Hund von Anfang an beibringt, die Küche generell nicht betreten zu dürfen, hat es mitunter erheblich leichter, das ewige Betteln im Keim zu ersticken.

Ein anderes Beispiel. Der Hund „flutscht" grundsätzlich als Erster durch die Tür, was gefährlich sein kann. Die Regelumsetzung ist wie folgt: Lassen Sie den Hund erst „Sitz" oder „Halt" machen, dann gehen Sie als als Erster hinaus. Erst wenn Sie geschaut haben, ob alles in Ordnung ist, erlauben Sie dem Hund, Ihnen zu folgen. Dies hat allerdings *nichts* mit Ranghoheit zu tun, sondern dient einfach nur der Sicherheit Ihres Hundes. Ohne irgendein Schreckgespenst von nicht vorhandenen Dominanzproblemen aufzubauen, gilt: Vorsorgliche Gefahrenerkennung ist die Pflicht von Menschen, weil sich Hunde (wie kleine Kinder) mitunter sehr naiv verhalten.

Hundetrainer sollten ehrlich mit ihren Kunden sein, denn sie als erfahrene Hundeprofis wissen es doch längst: Kein Mensch der Welt muss zwanghaft Hausstandsregeln umsetzen, um seine „Alphastellung" zu behaupten. Aber das Einüben von Ritualen erleichtert das gemeinsame Zusammenleben ungemein. Ganz so, wie es in der wirklichen Wolfswelt gang und gäbe ist und zum guten Ton gehört! Verantwortungsvolle Leittiere nehmen ihre Rechte und Privilegien genauso ernst wie ihre Pflichten. Dazu gehört eben, sich in eine Beziehung einzubringen und einen Lebensplan umzusetzen, den jeder Hund gerne bereit ist, zu akzeptieren!

Nachdem wir alle möglichen Trainingstechniken zur Kontrolle des hundlichen Bellverhaltens durchprobiert haben, hat sich die nachfolgende Methode am besten bewährt: Bringen Sie ihrem Hund das Signal „Gib Laut" bei. Lassen Sie ihn zeitlich begrenzt bellen und seinen Job als Alarmmelder ausführen. Dann entscheiden Sie durch ein Stopp-Signal (zum Beispiel: In-die-Hände-Klatschen), wann der Hund aufhören soll. Auf diese Art und Weise kann die Energie des aufpassenden Hundes raus anstatt ihr durch Schnauze-Zuhalten oder ständiges „Nein, lass das" oder womöglich sinnloses Ignorieren entweder aufzustauen oder freien Lauf zu lassen.

(1) Hunde sollten möglichst nicht den Eingangsbereich kontrollieren, wenn wir dabei sind. Dies ist unsere Aufgabe, besonders bei misstrauischen Tieren. Machen Sie folgende Übung: Der Hund muss lernen, sich auf einen bestimmten Befehl hin auf seine Decke oder in sein Körbchen zu legen. Dies sollten Sie intensiv üben, und zwar bevor Besuch kommt.

(2) Dann üben Sie mit einem Helfer, der an der Tür klingelt. Sie weisen den Hund auf seinen Platz und öffnen die Tür. Versucht er aufzustehen, bringen Sie ihn konsequent zurück.

(3) Wenn dies alles klappt, kommt der „Ernstfall". Überprüfen Sie, wie weit der Hund ist. Duldet er bei der Begrüßung den Besuch, indem er sich neutral verhält (wie auf Bild 3), dann hat er den Kurs bestanden und muss in Zukunft nicht ständig auf seine Decke verwiesen werden, wenn Besuch kommt. Hat er dagegen jetzt alles wieder vergessen und prescht auf den Besuch zu, dann dürfen Sie mit der Übung wieder von vorn beginnen.

Service

Epilog

Bei der Lektüre dieses Buches sind Sie, lieber Leser, mit zahlreichen „Behauptet wird"-Aussagen konfrontiert worden, die Sie sehr wahrscheinlich schon gehört haben. Falls nicht, wissen Sie nun vorbeugend, dass diese Verallgemeinerungen so nicht stimmen.

Wir hoffen, dass wir mit diesem Buch für Aufklärung gesorgt und Ihnen einen Leitfaden an die Hand gegeben haben, in dem Sie, wenn Sie unsicher sind, noch einmal nachschlagen können.

Unser Hauptanliegen ist es, zu helfen und sachlich zu informieren. Wenn sich durch manche unserer Gegenargumente und vor allem durch unsere Forschungsbeweise jemand persönlich betroffen oder gekränkt fühlen sollte, dann war dies ganz sicher nicht unsere Absicht. Anstatt sich blind an irgendwelchen Theorien, Schlagworten oder Modetrends in der Hundeerziehung zu orientieren, empfehlen wir Ihnen, Ihr Wissen um die neuesten Erkenntnisse zu bereichern und dies in Ihr ganz persönliches Mensch-Hund-Verhältnis mit einfließen zu lassen.

Aktuell „plagen" wir uns in Banff mit der ersten Inzuchtverpaarung. Wir werden natürlich besonders darauf achten, was Inzucht bei den Wölfen im Hinblick auf ihre Gesundheit und ihr Verhalten untereinander bedeutet und welche Konsequenzen für die Zukunft sich eventuell daraus ergeben. Ein mahnendes Wort müssen wir auch noch zum Massentourismus sagen, der die Tierwelt massiv beeinflusst. Auf dieses Buch bezogen bedeutet es, dass viele Menschen glauben, der Unterschied zwischen Wolf und Hund sei der, dass der Wolf nichts und der Hund viel mit dem Menschen zu tun habe. Aber in Banff und auch in Yellowstone haben die Wölfe viel mit Menschen zu tun. Beide haben durch den Tourismus viel Kontakt zueinander. Auf der anderen Seite gibt es wiederum Hunde, die teilweise sehr wenig Kontakt mit Menschen haben. Der Unterschied ist also manchmal gar nicht so groß, wie es scheint.

Im Gegensatz zu Banff, wo man schon Insiderkenntnisse haben muss, um die Wölfe zu finden, sind sie in Yellowstone sehr gut zu sehen. Hier hat man die einmalige Gelegenheit, die Wölfe bei der Jagd zu beobachten. Dieses Spektakel können Interessierte beispielsweise auf einer Wolfsreise erleben.

Uns ist bekannt, dass Wölfe Wölfe und Hunde Hunde sind. Bei allen Unterschieden, die wir im Buch berücksichtigt haben, gibt es viele Gemeinsamkeiten. In unseren Haushunden ist heute noch sehr viel Wolfserbe enthalten, egal welcher Rasse sie angehören. Auch wenn es viele Gemeinsamkeiten zwischen Wolf und Hund gibt, so sind wir beide der Meinung, dass weder Wölfe noch Wolf-Hund-Mischlinge in private Hände gehören. Da viele Hundehalter schon mit ihren normalen Haushunden überfordert sind, sind sie es erst recht mit solchen Tieren.

Was den Wolf betrifft, so haben wir in diesem Buch Auskunft über Wölfe in freier Wildbahn gegeben und sehen mit Besorgnis, dass Hunderte von Wolfsgehegen entweder zu klein sind und/oder weder der Sozialstruktur, noch dem Leben dieser Tiere gerecht werden. Wölfe haben etwas Besseres verdient. Oftmals wird die Gehegehaltung damit schöngeredet, dass diese Tiere länger als in der freien Wildnis leben würden.

Jedes Mensch-Hund-Team ist einmalig. Trotzdem gelten für uns alle die verhaltensbiologischen gruppen-dynamischen Grundsatzregeln.

Uns persönlich ist ein Wolf lieber, der sechs oder sieben Jahre unter natürlichen Bedingungen sein Leben lebt, als ein Gehegewolf, der zwar vielleicht elf oder dreizehn Jahre alt geworden ist, aber niemals ein „artgerechtes" Leben hatte. Die einzige für uns noch akzeptable Ausnahme sind seriöse Forschungsarbeiten von Wissenschaftlern, selbstverständlich unter bestmöglichen Bedingungen. Wer einmal – so wie wir – das Glück hatte, einem wilden Wolf in die Augen zu sehen, wird verstehen, was wir meinen.

Wir beide beobachten kontinuierlich und über längere Zeit das Verhalten frei lebender Wölfe. Das bedeutet, dass wir nicht nur einmal im Urlaub oder gelegentlich zwischen Tür und Angel „Wölfe gucken gehen", sondern regelmäßig und langfristig die Tiere beobachten. Daher kennen wir „un-sere" Wölfe individuell und schon vom Babyalter an. Wir kennen die unterschiedlichen Sozialstrukturen und die Familiengefüge und vor allem deren kulturelle Familienentwicklungen.

Unser abschließendes Fazit

Wir alle leben eng mit Hunden zusammen. Unabhängig davon, wie wir dieses Zusammenleben bezeichnen, ob als „Rudel" (fachlich falsch) oder als „soziale gemischte Gruppe" (richtiger Ausdruck), die generellen Grundstrukturen im sozialen Miteinander Mensch-Hund sind dieselben wie innerhalb von Wolfsfamilien. Und weil sie einander so ähnlich sind, haben wir dieses Buch geschrieben. Die Grundstrukturen sind: Wolf, Mensch und Hund sind sozial, territorial und sie sind Jäger.

Danke

Unser gemeinsamer Dank gebührt Udo Gansloßer für die fachliche Bearbeitung des Manuskripts und besonders dafür, dass er sich trotz Vortragsstress die Zeit genommen hat, das Vorwort zum Buch zu schreiben. Auch Dorit Feddersen-Petersen und Michael Grewe haben sich von ihrer Arbeit freigeschaufelt, um das Manuskript zu lesen und ein Testimonial zu schreiben. Dafür sind wir sehr dankbar.

Was wäre ein Wolfsbuch ohne die großartigen Fotografien unseres gemeinsamen Freundes Peter Dettling? Für dessen Aufnahmen von frei lebenden Wölfen das Wort „spektakulär" zu verwenden, wäre noch maßlos untertrieben. Ein Dank auch an Verena Scholze und Corina Orth für die schönen Hundefotos. Die Fotografin Ulla Bergob hat uns staunen lassen, wie viel professionelle Studioausrüstung in den kleinen Seminarraum der Hunde-Farm „Eifel" passt. Wir verdanken ihrer Geduld und ihrem Können wunderbare Autorenfotos.

Petra Krivy und Sabrina Müller haben das Buch vorlektoriert, Fehler korrigiert und Stilunsicherheiten beseitigt. Und schließlich geht unser ganz besonderer Dank an unsere Lektorin Hilke Heinemann von Kosmos, die uns während des gesamten Projektes betreut hat. Ihr gebührt wahrlich eine Medaille für Geduld und Gelassenheit. Ihre Unterstützung und persönliche Betreuung war eine unschätzbare Hilfe bei der Arbeit am Buch.

Jeder von uns Autoren hat natürlich noch sein persönliches Team, das mit zur Entstehung des Buches beigetragen hat.

Günther Bloch

Ich bedanke mich bei Mike Gibeau und Paul Paquet für die enge Zusammenarbeit und 18 Jahre wissenschaftliche Unterstützung innerhalb der „Bow Valley Wolf Behaviour Study". Mein großer Dank geht auch an meine liebe Frau Karin, die mir immer wieder aufgrund meines völligen technischen Unverständnisses treu alle Computer-Dateien geladen und bearbeitet hat. Was wären meine Feldforschungen ohne meinen unvergessenen und weisen Laika Jasper gewesen, der mich 13 Jahre lang mit seiner Spürnase und seinem Überblick in Sachen direkter Wolfsbeobachtungen unterstützt hat. Ich hoffe, dass nach Jaspers Tod sein Nachfolger, Schnösel „Timber von der Eifelfront", ein würdiger Vertreter wird. Ich bedanke mich schon jetzt für seine tatkräftige Hilfe durch ständige, nervige Unterbrechungen beim Erstellen des Buchmanuskripts.

Günther Bloch mit Laika-Welpe Timber.

Elli H. Radinger

Rick McIntyre („Unit 1") ist der „Leitwolf" des Yellowstone-Wolfsprojektes; ohne ihn hätte ich nicht die Gelegenheit gehabt, so intensiv im Projekt mitzuarbeiten. Für seine Unterstützung, Hilfe und Geduld bei der Wolfsbeobachtung bin ich sehr dankbar. Ebenso auch Laurie Lyman („Unit 17") für die täglichen E-Mail-Wolfsberichte aus Yellowstone, die mich auch während meiner Abwesenheit auf dem Laufenden halten. Gerry, Brian, Carol, Mark, Thomas, Christine und allen anderen vom „harten Kern" des Wolfsprojektes danke ich für die Zusammenarbeit und für ihre Freundschaft. Die Firma ZEISS in Wetzlar sponsert die Ausrüstung für meine Wolfsreisen und meine Wolfsbeobachtungen. Mit ihren großartigen Spektiven und Ferngläsern sind die Wolfssichtungen fast schon garantiert, selbst auf größte Entfernung.

Danke auch meiner Freundin Corina Orth von der Sylter Hundeschule für die langen Gespräche im Vorfeld des Buches und für so manchen Einblick in die Eigenarten der Hundeszene.

Meine Eltern erleichtern mir die vielen Reisen nach Amerika enorm, indem sie sich in dieser Zeit um meine Hündin Shira kümmern und ihr den perfekten „Wellness-Urlaub" bieten. Ihnen bin ich sehr dankbar und natürlich auch meiner Shira, die immer wieder warten muss, bis ich aus der Wildnis zurückkomme und deren Geduld dann erneut auf die Probe gestellt wird, wenn ich mal wieder an einem Buch schreibe.

Elli H. Radinger mit Shira, ihrer Labrador-Flatcoated-Retrieverhündin.

Zum Weiterlesen

Bekoff, Marc: **The Emotional Lives of Animals.** New World Library 2007

Bekoff, Marc: **Die Moral der Tiere.** Kosmos 2011

Bloch, Günther & Peter A. Dettling: **Auge in Auge mit dem Wolf.** 20 Jahre unterwegs mit frei lebenden Wölfen. Kosmos, 2008

Bloch, Günther: **Die Pizza-Hunde.** Freilandstudien an verwilderten Haushunden. Kosmos, 2007

Bloch, Günther: **Der Wolf im Hundepelz:** Hundeerziehung aus unterschiedlichen Perspektiven. Kosmos, 2004

Bloch, Günther: **Wolf und Rabe.** Langzeituntersuchungsergebnis zur Sozialisation und zum Zusammenleben von zwei Arten in einer sozialen Mischgruppe. Ein Referenzsystem zur realistischen Einschätzung von Mensch-Hund-Beziehungen. S. 9–36 in: U. Gansloßer (Hrsg.): **Mit Hunden leben.** Expertenwissen für Hundehalter Bd. 1 Filander Verlag, Fürth 2010

Feddersen-Petersen, Dorit U.: **Ausdrucksverhalten beim Hund.** Mimik, Körpersprache, Kommunikation und Verständigung. Kosmos, 2008

Feddersen-Petersen, Dorit U.: **Hundepsychologie:** Sozialverhalten und Wesen. Emotionen und Individualität. Kosmos, 2004

Gansloßer, Udo: **Verhaltensbiologie für Hundehalter:** Verhaltensweisen aus dem Tierreich verstehen und auf den Hund beziehen. Kosmos, 2007

Heinrich, Bernd: **Die Weisheit der Raben.** List, 2002

Heinrich, Bernd: **Die Seele der Raben.** Eine zoologische Detektivgeschichte. Fischer, 1994

McAllister, Ian **Wilde Wölfe.** Die letzten ihrer Art in Kanada. Frederking & Thaler, 2009

Mech, L. David & Luigi Boitani: **Wolves:** Behavior, Ecology and Conservation. University of Chicago Press, 2003

Mech, L. David: **Der Weiße Wolf.** Mit einem Wolfsrudel unterwegs in der Arktis. Sierra, 2000

Radinger, Elli H.: **Die Wölfe von Yellowstone.** von Döllen, 2004

Radinger, Elli H.: **Wolfsangriffe.** Fakt oder Fiktion? von Döllen, 2004

Smith, Douglas W. & Garry Ferguson: **Decade of the Wolf:** Returning the Wild to Yellowstone. Lyons Press, 2006

Zimen, Erik: **Der Wolf.** Verhalten, Ökologie, Mythos. Kosmos, 2003

KOSMOS.

Verhaltensforschung hautnah.

Mensch-Hund-Beziehung

Warum haben wir uns den Wolf ausge-
sucht, um mit ihm zu leben und nicht den
Affen? Günther Bloch und Elli H. Radinger
beschäftigen sich mit der Frage, wie die
Ko-Evolution von Affenartigen und Hundeartigen, die seit Jahrtausenden existiert,
heute weitergeht und wie wir davon profitieren können.

Bloch • Radinger | **Affe trifft Wolf**

192 S., ca. 150 Fotos, €/D 19,99
ISBN 978-3-440-13206-7

Eindrucksvolle Aufnahmen

Einzigartig: Günther Bloch und der
Naturfotograf Peter A. Dettling berichten nicht nur über ihre sensationellen
Erlebnisse mit den kanadischen Timberwölfen, sondern beschreiben auch deren
unterschiedliche Strategien im Umgang
mit Menschen, Beutetieren oder Fress-
feinden aller Art.

Bloch • Dettling | **Auge in Auge mit dem Wolf**

176 S., 188 Fotos, €/D 29,99
ISBN 978-3-440-13249-4

Preisänderung vorbehalten

kosmos.de/hunde

Autoren

Günther Bloch wurde am 9. März 1953 in Köln geboren. Der gelernte Reisebürokaufmann gründete 1977 das Kaniden-Verhaltenszentrum Hunde-Farm „Eifel", das bis heute aus einer Forschungsabteilung, Hundeschule und -pension besteht. In seiner aktiven Zeit als Hundetrainer betreute er zwischen 1978 und 2001 insgesamt 32.000 Mensch-Hund-Teams. Nach Abschluss seiner Verhaltensstudien von Gehegewölfen (Wolf Park/USA) und gemischten Kanidengruppen (Trumler-Station) gründete Günther Bloch zusammen mit Elli Radinger die „Gesellschaft zum Schutz der Wölfe e.V.". Zudem leitete er von 1993-1996 ein Herdenschutzhunde- und Telemetrieprojekt an frei lebenden Wölfen in der Slowakei. Seit 1992 führt er gemeinsam mit Paul Paquet und Mike Gibeau in den Nationalparks der kanadischen Rocky Mountains Verhaltensforschungen an Timberwölfen durch. Zwischen 2005 und 2007 studierte er im Rahmen seines „Tuscany Dog Projects" das Sozialverhalten verwilderter Haushundegruppen in Italien.

Elli H. Radinger (geb. 1951) gab 1983 ihren Beruf als Rechtsanwältin auf, um ihre Liebe zu den Tieren und zum Schreiben zu verbinden. Seitdem arbeitet sie als Freie Fachjournalistin für zahlreiche Tier- und Naturzeitschriften und schreibt Bücher über ihre Lieblingsthemen.
Schon immer galt die Leidenschaft der Autorin, die mit Hunden aufwuchs, den Wölfen. Als sie diese 1991 während Verhaltensstudien von Gehegewölfen in Wolf Park, einem amerikanischen Wolfsforschungsinstitut, näher kennenlernte, verfiel sie dem „Wolfsvirus". Seit dieser Zeit gibt sie auch das Wolf-Magazin heraus und hält Vorträge und Seminare zum Thema Wolf & Co.
Einen Großteil des Jahres hält sich die Autorin im amerikanischen Yellowstone-Nationalpark auf, wo sie seit der Wiederansiedlung der Wölfe 1995 als Freiwillige im Wolfsprojekt mitarbeitet. Wolfsfreunde haben die Gelegenheit, Elli Radinger als Guide in Yellowstone zu buchen oder an einer ihrer Wolfsreisen teilzunehmen.

Wolfs-Patenschaften über Günther Bloch

Ob Diskussionen über Alphastatus, Futter-rangordnung, Führungsverhalten, Welpen-aufzucht und Fürsorge oder den Austausch von Kommunikationssignalen – jeder er-zählt etwas anderes über Wölfe und verun-sichert den einfachen Hundehalter immer mehr. Durch eine Patenschaft für Nanuk und Fluffy, den Bowtal-Wölfen, hat jeder die Möglichkeit, neue Feldforschungsergeb-nisse aus erster Hand zu erhalten.

Hunde-Farm „Eifel“
Von Goltsteinstr. 1
D – 53902 Bad Münstereifel-Mahlberg
Tel.: 02257 952661
Fax: 02257 952660
www.hundefarm-eifel.de
canidexpert@aol.com

Weitere Ansprechpartner für die Hunde-Farm „Eifel“

Haben Sie Probleme im Umgang mit Ihrem Hund?
Angelika Lanzerath (Hundeschule)
Tel./Fax: 02257 7728, Mobil: 0163 5676407
E-Mail: kedvesmomo@t-online.de
Wollen Sie Ihren Hund während des Urlaubs bestens aufgehoben wissen?
Daniela Sommerfeld (Hundepension)
Tel./Fax: 02257 7441, Fax: 02257 952660
E-Mail: hundefarm-eifel@web.de

Wolfsreisen mit Elli H. Radinger

Die Autorin bietet Interessierten die Gele-genheit, sie bei ihren Wolfsbeobachtungen in Yellowstone zu begleiten. Die Teilnehmer der Wolfsreisen lernen die berühmtesten Wölfe der Welt kennen, erfahren alles über ihr Sozialverhalten, Jagdtechniken, Beute-tiere, über die ökologischen Zusammen-hänge und die Arbeitsweisen der Biologen.
Elli H. Radinger
Blasbacher Str. 55
D – 35586 Wetzlar
Tel.: 06441 32969
Fax: 06441 33449
www.yellowstone-wolf.de
info@yellowstone-wolf.de

Wolf Magazin

Das Wolf Magazin, herausgegeben von Elli H. Radinger, ist seit 1991 die einzige deutschsprachige Fachzeitschrift über Wöl-fe und andere wilde Kaniden. Bisher gab es die Zeitschrift nur im Abonnement. Seit 2010 erscheint das Wolf Magazin zweimal jährlich (Frühjahr und Herbst) als Buch im Zeitschriftenhandel.

Redaktion Wolf Magazin
Blasbacher Str. 55
D – 35586 Wetzlar
Tel.: 06441 32969
Fax: 06441 33449
www.wolfmagazin.com
redaktion@wolfmagazin.com

Wolfsbilder & Kalender über Peter A. Dettling

Alle im Buch veröffentlichten Wolfsbilder können beim Fotografen direkt in allen verschiedenen Größen samt Originalunter-schrift bestellt werden, ebenso jährliche Wandkalender.
Tel.: ++41 (0) 81 9491933
Fax: ++41 (0) 81 9491672
www.peter-a-dettling.com
padphotography@shaw.ca

Register

Mit 120 Farbfotos von Ulla Bergob (3: S. 6, 180, 185), Günther Bloch (15: S. 1, 4, 5, 8, 36, 115, 118, 119, 121, 124, 129, 156, 171, 188), Peter A. Dettling (16: S. 10, 18, 30, 44, 54, 67, 70, 78, 88, 100, 110, 130, 138, 146, 154, 168), Fotolia (9: S. 9 © Marheineke, S. 14 © CallallooFred, S. 27 © Callalloo Candcy, S. 28 © Callalloo Canis, S. 51 © Photography, S. 65 © suseque, S. 74 © fotoali, S. 162 © drubig-photo, S. 192 © sashpictures), Lorenz Neuss (1: S. 167), Corina Orth (6: S. 39, 107, 164, 170), Elli H. Radinger (16: S. 43, 49, 61, 63, 87, 90, 93, 106u., 125, 145, 153, 161, 173), Heike Schmidt-Röger (1: S. 183), Verena Scholze/Kosmos (31: S. 12, 24, 25, 34, 46, 56, 57, 62, 81, 91, 94, 106o., 132, 141, 142, 149, 150, 158, 178, 179u., 184), Verena Scholze (19: S. 20, 22, 33, 60, 73, 83, 84, 96, 97, 103, 104, 105, 108, 109, 115o., 135, 159) und Sabine Stuewer (3: S. 40, 53, 179o.).

Umschlaggestaltung von eStudio Calamar unter Verwendung von vier Farbfotos von Günther Bloch (Vorderseite oben), Tim Kiusalaas/Corbis (Vorderseite unten), Peter Dettling (Rückseite links) und Fotolia (Rückseite rechts).

Mit 123 Farbfotos.

Alle Angaben in diesem Buch erfolgen nach bestem Wissen und Gewissen. Sorgfalt bei der Umsetzung ist indes dennoch geboten. Der Verlag und die Autoren übernehmen keinerlei Haftung für Personen-, Sach- oder Vermögensschäden, die aus der Anwendung der vorgestellten Materialien und Methoden entstehen könnten.

Unser gesamtes lieferbares Programm und viele weitere Informationen zu unseren Büchern, Spielen, Experimentierkästen, DVDs, Autoren und Aktivitäten finden Sie unter **www.kosmos.de**

Gedruckt auf chlorfrei gebleichtem Papier

FSC
www.fsc.org

MIX
Papier aus verantwortungsvollen Quellen
FSC® C005833

© 2010, Franckh-Kosmos Verlags-GmbH & Co. KG, Stuttgart.
Alle Rechte vorbehalten
ISBN 978-3-440- 12264-8
Redaktion: Hilke Heinemann
Gestaltung und Satz: DOPPELPUNKT, Stuttgart
Produktion: Eva Schmidt
Printed in The Czech Republic / Imprimé en République Tchèque